Inhaltsverzeichnis

W0282097

2 Lehrerleitfaden für Energiesparprojekte an Schulen

Energie – ein Zukunftsthema

Das Thema ist in aller Munde – ob in den Nachrichten, Zeitungen, in Gesprächen der Erwachsenen, in Filmen oder interaktiven Spielen: Überall werden Kinder zunehmend mit Problemen der Energieversorgung, ihrer Auswirkungen (Klimawandel und Smog) und möglichen Strategien zur Reduzierung dieser Auswirkungen konfrontiert.

In den letzten Jahren beobachten wir in den Grundschulklassen, die wir im Rahmen unserer Energiesparprojekte besuchen, ein **wachsendes Bewusstsein** und Interesse für den Klimawandel, Kriege ums Öl und Umweltverschmutzung seitens der Kinder. Dabei scheinen sie häufig verwirrt und in nicht zusammenhängenden Einzelinformationen verloren, die zum Teil so bruchstückhaft in die Köpfe gelangten, dass sie nicht ausreichen, um konkrete Fragen zur Klärung zu formulieren. Werden diesen Kindern erstmals die Zusammenhänge zwischen Energie und Klimawandel erklärt, und ihre Rolle im Gesamtzusammenhang als Energiekonsumenten verdeutlicht, so führt dies häufig zu einem Aha-Erlebnis. Sie fühlen sich nicht mehr hilflos, sondern erkennen, dass sie selbst in ihrem Alltag ohne große Schwierigkeiten dazu beitragen können, die Lage zu verbessern.

Die derzeitige Schulsituation erlaubt es häufig nicht, sich im Rahmen des Unterrichts intensiv mit Themen zu befassen, die im Lehrplan nur eine geringe Stundenzahl vorsehen. Dennoch haben uns viele Lehrer berichtet, dass sich durch die Energiesparprojekte in ihren Schulen weit mehr als nur eine inhaltliche Vermittlung des Themas Energie entwickelt hat: Die Kinder sind durch die praxisnahe Erforschung des Themas als Gruppe gewachsen, haben in ihrer Neugier Energiesparpotentiale aufgedeckt und ihr Gerechtigkeitsbewusstsein durchgesetzt. Sie sind selbstbewusster geworden und konnten soziale und kommunikative Fähigkeiten wie Teamarbeit, Argumentation, Verhandeln, Überzeugungskraft und Visualisierung von Zusammenhängen entwickeln und stärken.

Das Thema Energie und Energiesparen kann auch fächerübergreifend als Ganzes betrachtet werden: In Mathematik werden Einsparpotenziale berechnet, in Geschichte die Entwicklung der Energienutzung gelehrt, im Kunstunterricht Plakate zur Bewusstseinsbildung entworfen. Die Kinder erfahren so, dass **Energie und Klimaschutz ein Teil des Alltags** sind, den sie schon heute durch ihr Verhalten positiv lenken können und der sie ein Leben lang begleiten wird.

Lernziele

Die in dieser Broschüre vorgestellten Aufgaben, experimentellen Beobachtungen und Projekte dienen dazu, den Schülern die notwendigen Hintergrundinformationen zum selbständigen Erforschen und Entdecken der folgenden **Themenbereiche** bereitzustellen:

- Was ist Energie?
- Wo kommt die Energie her?
- Wozu brauchen wir Energie?
- Wo können wir Energie im Alltag einsparen?
- Was ist der Klimawandel und was hat er mit Energie zu tun?
- Wo ver(sch)wenden wir in unserer Schule Energie?
- Wo können wir in unserer Schule Energie einsparen?

Schüler checken ihre Schule

Vorstellung des Unterrichtsprojekts „Schüler checken ihre Schule“

Seit 1996 existiert in Berlin **fifty/fifty**, ein **finanzielles Belohnungssystem** für öffentliche Schulen, an denen durch Verhaltensänderungen im Alltag Energie eingespart wird. Die Hälfte der eingesparten Energiekosten bekommen diese Schulen jedes Jahr vom Schulträger ausgezahlt. Daher resultiert der Name: fifty/fifty. Im Laufe der Jahre haben sich hierzu mehrere Varianten entwickelt: Entweder teilen sich Bezirk und öffentliche Schule die Kosten in einem anderen Verhältnis oder ziehen externe Berater hinzu, welche die Schulen in ihren Ideen fachlich unterstützen. Manche Schulen werden im Rahmen eines Wettbewerbs belohnt, andere bekommen ihre Aktivitäten pauschal vergütet.

Allen Projekten ist jedoch gleich, dass sich Schüler und Lehrer gemeinsam für einen bewussten Umgang mit Energie im Schulalltag einsetzen und damit zum **Klimaschutz** beitragen.

Das Energiesparprojekt vermittelt Kenntnisse und Fähigkeiten, die im Bezug zu einer Reihe der Themenfelder des Fachs Naturwissenschaften (NaWi) stehen, sich jedoch keinem davon ausschließlich zuordnen lassen. Es bietet sich an, inhaltlich an das Themenfeld „Sonne – Wetter – Jahreszeiten“ anzuschließen und den Start des Projekts in die Herbstmonate (wenn es kalt und dunkel wird) zu verlegen. Dem Rahmenlehrplan nach können hierbei Inhalte wie Temperatur und Thermometer, Anpassung an die Jahreszeiten, aber auch Strahlung, Energiewandlung (Sonnenkollektor), Brennstoffe und Wärmedämmung gelernt werden.
Eine enge Verbindung des Projektes existiert auch zum Themenfeld „Umgang mit Stoffen im Alltag“, wobei hier zwar das Thema „Energie“ eine Rolle spielt, jedoch das Hauptaugenmerk nicht auf die Energie, sondern auf die von ihr bewirkten Stoffveränderungen gelenkt wird. Auch im Themenfeld „Körper und Bewegung“ finden sich Inhalte, die im Rahmen des Projekte vermittelt werden können und sollten. Inhaltlich passt das Projekt auch in den Sachunterricht der 4. Jahrgangsstufe. Ansatzpunkte gibt es hier in den Themenfeldern

- „Naturphänomene erschließen“ (Temperatur, Wärme, Feuer, Licht…)
- „Räume entdecken“ (Anlagen des Schulgebäudes, Schule als Lebens- und Lernraum, Hinweisschilder und Piktogramme, Verantwortung für Räume übernehmen) und
- „Technik begreifen“ (Stromkreis, technische Nutzung erneuerbarer Energien).

Mit den Jahren hat sich das im Folgenden dargestellte Vorgehen als erfolgreich und in den Schulbetrieb integrierbar herauskristallisiert:

1 Gründung eines Energieteams

Das Energieteam funktioniert entweder als **Schüler-AG** (Schülergruppe und betreuender Lehrer/Erzieher) oder als **Klassenprojekt**, mit der Besonderheit, dass eine enge Zusammenarbeit mit dem Hausmeister notwendig ist und auch der Kontakt zu den zuständigen Stellen im Bezirksamt gehalten werden muss. Da Energiesparen keine Einzelkämpferaufgabe ist, ist es wichtig, alle Nutzergruppen des Schulgebäudes in der Analyse des Energieverbrauchs zu berücksichtigen und in die Umsetzung von Maßnahmen einzubeziehen. Daher sollte schon vor der Gründung des Energieteams durch einen Beschluss der Gesamtkonferenz und Absprachen mit der Schülervertretung sichergestellt werden, dass das Energiesparprojekt überall auf offene Ohren stößt.

[1] Alle zur Umsetzung des Projekts notwendigen Schülerunterlagen finden sich im Kapitel „Energiedetektive – der Energie auf der Spur“.

[2] Möglich ist, dass „keiner“ zuständig ist. Man sollte aber nicht aufgeben, und sich gegen ein ständiges Hin-und-Her wehren, denn sicher ist: irgendwer hat das Schulgebäude errichtet und saniert es von Zeit zu Zeit, und irgendwer bezahlt die Energierechnungen.

4 Schüler checken ihre Schule

2 Der Energie-Rundgang

Erfahrungsgemäß bietet es sich an, den Energie-Rundgang in zwei bis drei Doppelstunden durchzuführen: Zunächst verschaffen sich die Schüler einen Überblick über die Situation vor Ort, dann führen sie Messungen zur Bestimmung von Temperatur und Helligkeit durch. Bei der Begehung des Gebäudes wird die Aufmerksamkeit auf Dinge gelenkt, die mit dem Energieverbrauch zu tun haben. Interessant sind für die Schüler auch bisher unzugängliche und daher unbekannte Bereiche des Gebäudes. Einbezogen in die Analyse des Energieverbrauchs der Schule werden alle Räume und Orte im Schulgebäude sowie gegebenenfalls zugehörige Bauten (Turnhalle), aber auch die Außenbereiche der Schule. Der Energie-Rundgang sollte zu einer Tageszeit stattfinden, in der Licht benötigt wird (im Winter zu Beginn oder Ende der Unterrichts- bzw. Hortzeit). Zumindest sollte ein Teil des Energie-Rundgangs vergleichend zu diesen Tageszeiten stattfinden, um den Schülern zu verdeutlichen, wo überall in Abhängigkeit von der Tageszeit eine Beleuchtung benötigt wird bzw. unnötigerweise benutzt wird.

Der **logische Ablauf eines Energie-Rundgangs** orientiert sich optimalerweise an folgenden Fragestellungen:

1. Kennenlernen des Gebäudes

- Wo verlässt Energie in Form von Wärme oder Licht unsere Schule? Offene Fenster, Dachboden- und Fassadendämmung, Außenbeleuchtung etc.
- Wie kommt Energie in unsere Schule hinein? Heizungskeller (Fernwärmeanschluss, Gasanschluss, Öltanks etc.), Stromanschlussraum, Fenster (Tageslicht)[1]

2. Messung von Temperatur, Helligkeit und Stromverbrauch

- Wie verteilt sich die Wärme im Schulgebäude? Temperaturmessung in Klassenräumen, Fluren, Treppenhäusern zur Betrachtung der räumlichen Temperaturprofile, Temperaturmessung zu unterschiedlichen Tageszeiten bzw. Tagen zur Betrachtung der zeitlichen Temperaturprofile, Erfassung der Heizungs- und Heizkörperregelung bzw. der Möglichkeiten zur Regelung
- Wo wird Energie in Form von Licht verbraucht? Beleuchtungsmessung an unterschiedlichen Orten und zu unterschiedlichen Zeiten im Schulgebäude. Messung mit und ohne Einsatz künstlicher Beleuchtung (Messung des Tageslichts), Erfassung der Möglichkeiten zur Regelung des Lichteinsatzes
- Wo wird Energie in Form von Strom verbraucht? Identifizierung von Stromverbrauchern (Kopierer, Kaffeemaschine etc.) und Messung des Stromverbrauchs in Aktion und im Stand-by.

Eine genauere Auflistung der möglichen Fragen, die im Rahmen eines Energie-Rundgangs gestellt und geklärt werden sollten, befindet sich im Anhang dieser Broschüre in Form von **Checklisten**.

3 Die Auswertung des Energie-Rundgangs und der Verbrauchsdaten

Die Auswertung des Rundgangs und der Messungen wird ebenfalls gemeinsam mit den Schülern durchgeführt. Ziel der Auswertung ist die Erarbeitung von Vorschlägen und Handlungsempfehlungen zum Energiesparen für alle Schüler und Lehrer der Schule.

Im Einzelnen werden dabei

- der elektr. Stromverbrauch (kWh) berechnet und den Verbrauchern zugeordnet

[1] Für ganz schlaue Kinder: Die Körperwärme der Schüler und Lehrer reicht in der Regel aus, um die Temperatur eines Klassenraums bei 20°C zu halten. Wenn es also zu Unterrichtsbeginn nicht wesentlich kälter ist, dann braucht man keine Heizung einzuschalten – der Raum kühlt während des Unterrichts im Winter nicht aus.

- der Anteil der Beleuchtung am Stromverbrauch ermittelt
- geprüft, wann, wo und mit welchen Auswirkungen Strom gespart werden kann (Reicht die Beleuchtungsstärke noch aus? Wie viel Stromersparnis bringt es? Können Geräte aus dem Standby befreit und ganz abgeschaltet werden? Wer könnte was dagegen haben? Wenn die Beschaffung neuer Geräte/Leuchten ansteht: Welchen Verbrauch haben diese? Gibt es energieeffiziente Alternativen?)
- der Wärmeverbrauch in MWh oder 1000 kWh berechnet und den Orten und Zeiten des Verbrauchs zugeordnet
- geprüft, wann, wo und mit welchen Auswirkungen Wärme gespart werden kann (nutzungsbezogene Beheizung der Räume, Stoßlüften statt Dauerlüften, angemessene Bekleidung…)

Als Faustregel kann angenommen werden, dass eine Reduzierung der Raumtemperatur um 1 °C eine Energieeinsparung von ca. 5% und die Nutzung von Thermostatventilen eine Einsparung von ca. 10% bedeutet. Eine zeitweise Absenkung der Temperatur bedeutet nur dann eine Reduzierung der benötigten Heizwärme, wenn die Gebäude in der zur Verfügung stehenden Zeit auch tatsächlich merklich auskühlen und dadurch weniger Wärme nach außen abgeben. Insbesondere bei Altbauschulen mit großem Wärmespeichervermögen ist deshalb eine Temperaturabsenkung bereits ab Nachmittag sinnvoll.

Aufbau eines „schulinternen Energiemanagements“

Eine Zusammenfassung der Einsparmöglichkeiten bei Beleuchtung, sonstigen elektrischen Verbrauchern, Heizung und Warmwasser ergibt, durch welche Maßnahmen welche Energiemengen jährlich weniger verbraucht werden, welche finanziellen Gewinne damit verbunden sind und um wie viel die Menge an freigesetztem Kohlendioxid vermindert wird.

Es wird deutlich, welchen Beitrag Schüler, Lehrer und Hausmeister selbst leisten können und wo Energiesparinvestitionen des Bezirksamtes notwendig sind.

Das Energieteam, das die energetische Analyse ihres Gebäudes durchgeführt und dabei Energiesparmöglichkeiten aufgezeigt hat, kann durch anschließende **einmalige Maßnahmen oder die kontinuierliche Kontrolle der Anwendung von Energiespartipps** den Energieverbrauch seiner Schule deutlich senken. Zu den einmaligen Maßnahmen gehören u.a. die Neuregulierung von automatischen Vorgängen (Heizungsplan, Ausschaltung von nicht benötigten Stromfressern, Beleuchtungsautomatik), zu den kontinuierlichen Maßnahmen die Erinnerung aller Schulbeteiligten durch Projekttage,

Schülerzeitung und Erinnerungsmemos

Außerdem gehört die Einforderung von Energiesparinvestitionen beim Schulträger und die Überwachung der Energieverbräuche und damit die **eigene Erfolgskontrolle** zu den Aufgaben eines „Schulinternen Energiemanagements“.

Die nachfolgende Sammlung von Kopiervorlagen und Arbeitsblättern dient dazu, den Schülern im Vorfeld des Energiesparprojekts oder im Rahmen des Lehrplans das **Thema Energie und den Sinn des Energiesparens** näher zu bringen.

6 Kopiervorlagen und Arbeitsbögen

Die Inhalte der Kapitel sind in logischer Reihenfolge von sehr allgemeinen Themen (Was ist Energie?) zu speziellen Themen (Klimaschutz und erneuerbare Energien) aufgebaut – einzelne Kapitel und Arbeitsblätter können aber in der Regel unabhängig von den vorhergehenden Arbeitsblättern im Unterricht eingesetzt werden.

Jedes Arbeitsblatt beinhaltet neben den für die Schüler notwendigen Hintergrundinformationen zur Lösung der Aufgaben auch weitergehende Informationen für Kinder, die über das eigentliche Thema hinaus mehr wissen wollen. Außerdem wird auf lustige oder interessante Nebenaspekte und Möglichkeiten zur Nachahmung oder Beobachtung im Alltag hingewiesen.

Die Kopiervorlagen und Arbeitsblätter sind so gestaltet, dass sie **einzeln im Rahmen einer Unterrichtseinheit ergänzend** zu den im Lehrplan vorgesehenen Themen eingesetzt werden können. Sie bilden jeweils eine abgeschlossene Einheit, die einen bestimmten Aspekt des Themas beleuchtet. Jedoch können sie auch **in ihrer Folge zur vollständigen Unterrichtsgestaltung** herangezogen werden, da sie aufeinander logisch aufbauend das Wissen der Schüler erweitern und einen umfassenden Einblick in das Thema Energie mit seinen wirtschaftlichen, politischen, ökologischen und sozialen Aspekten ermöglichen.

7 Energie – was ist das?

MERKE

Energie kannst du nicht sehen, aber sie ist immer vorhanden, wenn sich etwas tut:

- ...wenn sich was **bewegt**.
- ...bei **Lärm und Krach**.
- ...wenn etwas **hell** ist.
- ...wenn etwas **wächst**.
- ...wenn es **wärmer oder kälter** wird.
- ...wenn etwas **weit oben** ist (und runterfallen kann).
- ...und wenn man **nachdenkt**, natürlich!

Energie kann also immer nur an ihren Wirkungen auf die Umgebung erkannt werden. Sie ist der Grund, dass sich was verändert. Ohne Energie würde kein Leben auf der Erde möglich sein, da es hier sonst sehr kalt, dunkel und still wäre.

AUFGABE

Schreibt alle Dinge auf einen Zettel, die euch zum Thema Energie einfallen. Verwendet für jeden Einfall einen eigenen kleinen Zettel (zusammen mit euren Namen). **Sammelt eure Zettel auf einem großen Poster**, das ihr in die Klasse hängt und sortiert sie nach den folgenden Rubriken:

- **Das weiß ich schon, hier kenne ich mich aus.**
- **Das will ich wissen.**
- **Das habe ich schon einmal gehört, weiß aber nicht, was es bedeutet.**

Jedes Mal, wenn ihr in der folgenden Zeit eines der auf dem Poster angesprochenen Themen im Unterricht behandelt, könnt ihr ein **Häkchen hinter das Stichwort** machen. Am Schluss sollten alle genannten Dinge im wahrsten Sinne des Wortes abgehakt sein! Wenn nicht: nervt euren Lehrer...

8 Das Energie-Alphabet

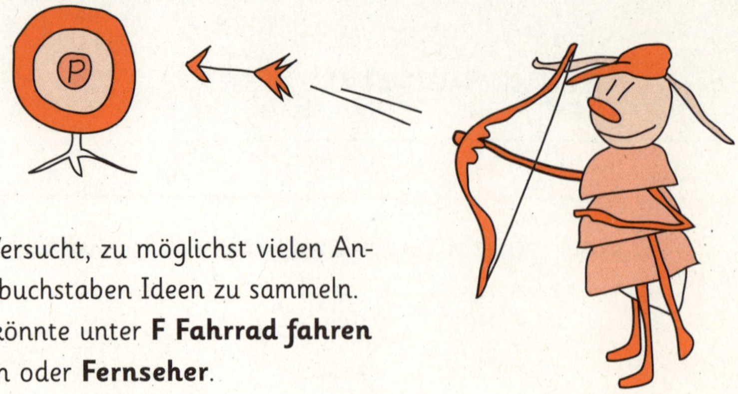

AUFGABE

Wo kommt Energie vor und was macht sie? Überlegt euch, wo alles in eurer Umgebung Energie vorkommt und tragt es in das Energie-Alphabet ein. Versucht, zu möglichst vielen Anfangsbuchstaben Ideen zu sammeln. Z. B. könnte unter **F Fahrrad fahren** stehen oder **Fernseher**.

A

B

C

D

E

F Beim **Fahrrad fahren**: Die Energie meiner Muskeln lässt das Fahrrad fahren, das mich von einem Ort zum nächsten bringt.

G

H

I

J

K

L

M

N

O

P

Q

R

S

T

U

V

W

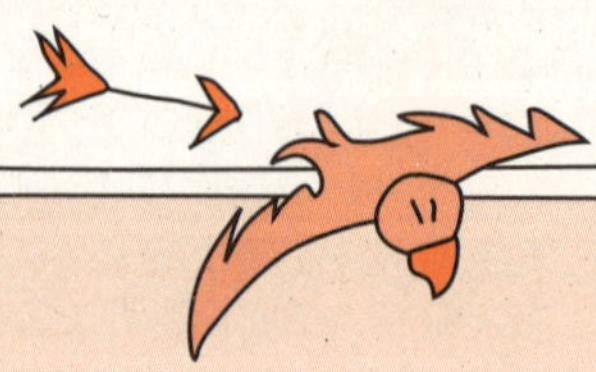

X

Y

Z

9 Energiequellen und Energieformen

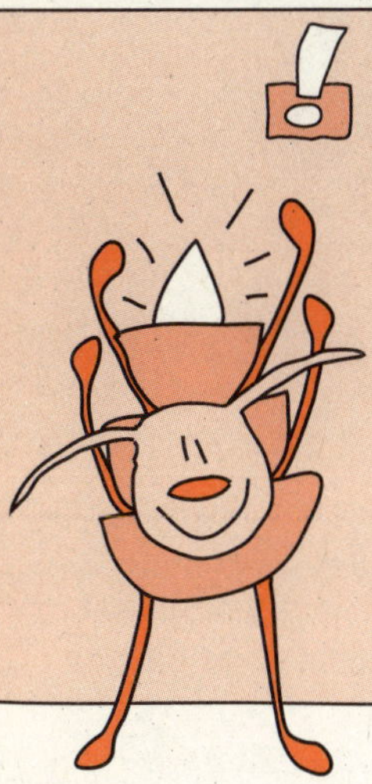

MERKE

Wir **benutzen** und **verbrauchen Energie** in ganz unterschiedlichen Formen:

- ··> ...um unsere Häuser und Wohnungen zu wärmen.
- ··> ...um Licht zu haben und unsere elektrischen Geräte zu nutzen.
- ··> ...um uns mit Autos, Flugzeugen oder der Bahn fortzubewegen.
- ··> ...um uns selbst zu bewegen und am Leben zu halten.

AUFGABE

Ordne die folgenden Energieformen ihren Definitionen und den zugehörigen Bildern zu.

Energieform	**Diese Energieform besitzt etwas, das**
1 Bewegungsenergie	**a** warm ist
2 Lageenergie	**b** leuchtet
3 Wärmeenergie	**c** man verbrennen kann
4 Lichtenergie	**d** sich bewegt
5 Elektrische Energie	**e** Strom abgibt
6 Chemische Energie	**f** oben ist

AUFGABE

Der Ursprung von Energieformen heißt Energiequelle. Kennst du **Energiequellen**?

____

____

____

Welche davon kann man **direkt nutzen**? Wofür?

____

____

____

____

Diese Energieform, die wir brauchen, kann man **nicht in einer für uns nutzbaren Art in der Natur** finden:

____

____

____

Wenn die Energiequelle nun **nicht die Form** hat, in der wir sie für unsere technischen Geräte im Alltag verwenden können, was dann?

____

____

____

10 Eine kleine Energiegeschichte

AUFGABE
Lies dir die Sätze genau durch und bringe die Energiegeschichte in die richtige Reihenfolge.

☐ Seit der Bronzezeit verwenden die Menschen Holz, um ihren Energiebedarf zu decken (z.B. um Metallerze zu schmelzen und Werkzeuge herzustellen, oder um die Hütten zu heizen).

5 Seit dem 9. Jahrhundert werden Wind- und Wasserräder in weiten Teilen Europas dazu eingesetzt, um Mahlwerke in Mühlen, und 100 Jahre später auch Sägewerke bzw. andere Arbeitsmaschinen zu bewegen.

☐ Zwei Jahre später wird das erste deutsche Elektrizitätswerk in Berlin gegründet, das Strom durch die Verbrennung von Kohle herstellt.

☐ 1956 geht das erste Kernkraftwerk in England in Betrieb (Sellafield), und liefert Energie, die aus der Spaltung von Atomkernen gewonnen wird.

☐ Heute kann man Energie nicht nur aus Holz, Kohle, Erdgas, Erdöl, Windkraft, Wasserkraft, Kernkraft und der Sonne gewinnen, sondern nutzt auch die Verbrennungswärme von Abfällen und anderen Pflanzenmaterialien, sowie die in der Erde gespeicherte Erdwärme.

☐ Forscher schätzen, dass irgendwann vor 2 Millionen bis 500.000 Jahren die Menschen dazu übergingen, das Feuer als Waffe und als Energielieferant zum Kochen und Wärmen zu benutzen.

☐ Erdöle waren schon in der Antike bekannt. Schon vor mehr als 2.000 Jahren fand es in den Mittelmeerländern Verwendung als Heiz- und Beleuchtungsmaterial, zur Einbalsamierung von Leichen (Ägypten), als Wagenschmiere und als Pflanzenschutzmittel.

☐ Am Anfang war das Feuer. Wann es durch die Menschen entdeckt wurde, weiß niemand so genau.

☐ 1985 geht in den USA das erste Photovoltaik-Kraftwerk ans Netz und versorgt 2.500 Wohnhäuser mit Strom, der aus Sonnenlicht erzeugt wird.

9 1882 geht in New York das erste öffentliche Elektrizitätswerk der Welt in Betrieb und versorgt die Haushalte mit Strom für ihre Lampen.

☐ Mitte des 19. Jahrhunderts werden in vielen europäischen Städten Gasanstalten gegründet, um die Straßen und Häuser mit Gas für Licht zu versorgen. Gleichzeitig wird Erdöl als neue Energiequelle für Europa und Amerika entdeckt und zur Energiegewinnung genutzt.

☐ Je mehr Menschen aber auf der Erde leben und Maschinen entwickelt werden, die den Alltag der Menschen einfacher gestalten sollen, desto mehr Energie wird auch gebraucht.

☐ Um 1500 wird das Holz knapp, da immer mehr Menschen auf der Erde leben. Man geht dazu über, immer mehr Kohle zu verbrennen, um Feuer und Wärme zu erzeugen.

13 Ein Jahr später findet in Sellafield auch der erste große Atomunfall statt, der weite Teile von England und Irland radioaktiv verstrahlt. Die Menschen dürfen zeitweilig keine Milch aus der Region mehr trinken, um nicht krank zu werden.

☐ Seit 1950 speist man Erdgas direkt in die Versorgungsnetze der Städte ein. Vorher wurden Erdöl oder Kohle zur Erzeugung des Stadtgases verwendet.

Was musste Wolfgang Amadeus Mozart machen, um auch nachts komponieren zu können?

○ Eine **Kerze** anzünden.
○ Die **Gaslampe** andrehen.
○ Das **elektrische Licht** anknipsen.

11 Tanken wir Dinos oder was?

Unsere Autos, Heizungen und die Kraftwerke, die den Strom für unser Licht und die elektrischen Geräte generieren, funktionieren zum Großteil mit Energie, die schon seit Jahrmillionen in der Erde gespeichert ist: die **fossile Energie**. Ähnlich wie bei den Dinosauriern bedeutet fossil, dass die Energie aus einer lang vergangenen Zeit der Erde stammt. Als fossile Energieträger bezeichnet man **Kohle, Erdgas und Erdöl**.
Um die in Kohle, Erdgas und Erdöl gespeicherte Energie wieder heraus zu bekommen und nutzen zu können, muss man diese so genannten Energiequellen verbrennen. Doch woher haben sie ihre Energie vor so langer Zeit bekommen?

AUFGABE

Bringe die unten stehenden Bilder in die richtige Reihenfolge. Schneide sie aus und ordne sie den Textblöcken auf Seite 12 zu. Kannst du sagen, woher die in den fossilen Energiequellen gespeicherte Energie ursprünglich kommt?

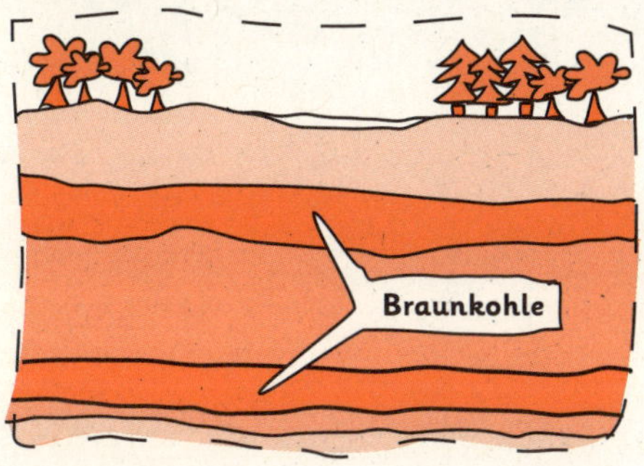

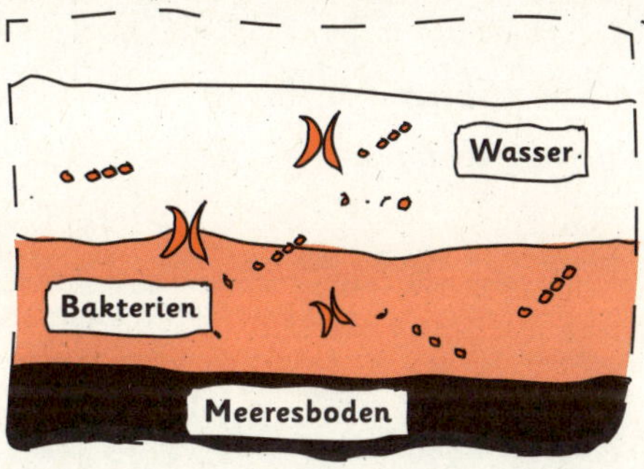

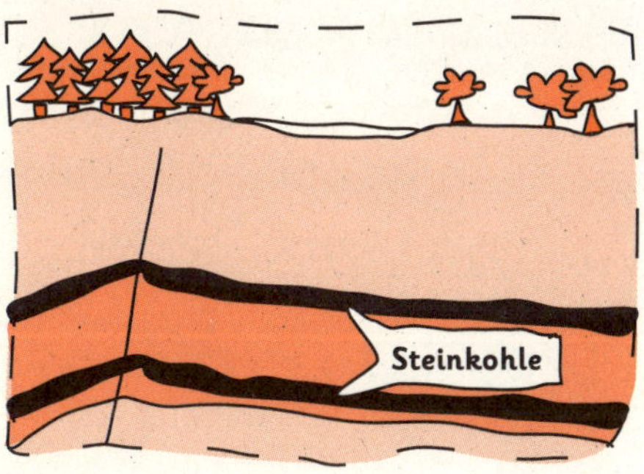

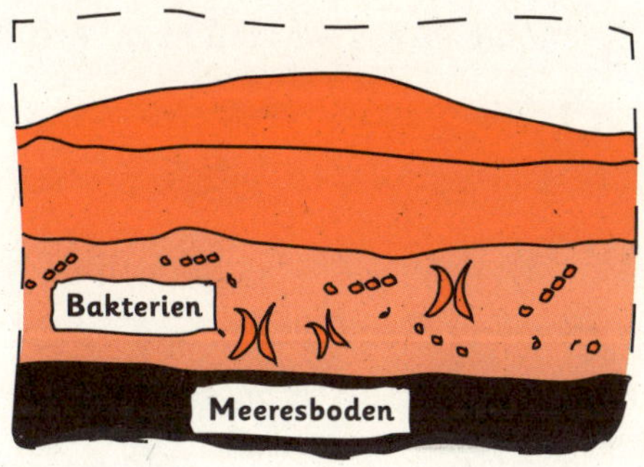

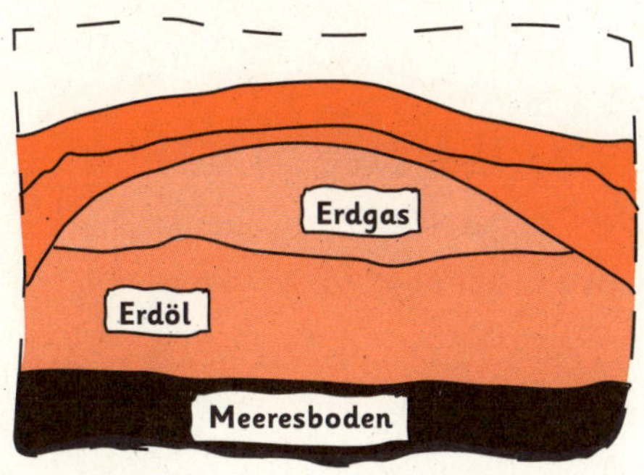

ACH ÜBRIGENS ...

Jeden Tag verbrauchen die Menschen so viele fossile Brennstoffe, wie über ein ganzes Jahr hinweg als Pflanzenmasse auf der Erde und in den Ozeanen wächst. Seit eurer Geburt sind also schon etwa ______________________ Jahre Pflanzenwachstum in Form fossiler Brennstoffe auf der Erde verbraucht worden!

12 Tanken wir Dinos oder was?

Kohle Vor ca. 345 bis 280 Millionen Jahren wuchsen auf der Erde riesige Urwälder mit großen Farnen und einer Menge Bäumen. Als diese Urwälder immer wieder von Wasser überflutet und von Steinen, Sand und Ton bedeckt wurden, versanken die Bäume und begannen zu modern oder zu faulen. So entstand Torf, die erste Stufe bei der Verwandlung von Pflanzen in Kohle.

Als das Land nun immer mehr sank und vom Wasser überspült wurde, konnte dort nichts mehr wachsen. Über dem Torf wurden nun noch mehr Sand und Ton abgelagert und diese übten einen hohen Druck auf die darunter liegenden abgestorbenen Baum- und Pflanzenteile aus. Druck und Temperatur sorgten dafür, dass das Wasser aus den Baum- und Pflanzenteilen gepresst, die Masse immer dichter wurde und verkohlte. So entstand im Laufe der Zeit **Braunkohle**.

Bei noch höherem Druck entstand **Steinkohle**. Mit Steinkohle kann man besser heizen als mit Torf oder Braunkohle, da sie die meiste Energie besitzt.

Erdöl/Erdgas Vor ca. 225 bis 65 Millionen Jahren begann der Erdölentstehungsprozess durch Lebewesen wie Algen oder Plankton, die abstarben und nach ihrem Tod auf den Meeresboden sanken.

Als sich danach Material darüber ablagerte (Sand, Steine und anderes), gelangte kein Sauerstoff mehr an die abgestorbenen Algen und das Plankton, und ein hoher Druck entstand.

Im Laufe der folgenden Millionen Jahre bildete sich aus den abgestorbenen Algen und dem Plankton das **Erdöl**. Mit der Zeit sammelte sich das Erdöl in unterirdischen Lagerstätten, aus denen es heute gepumpt werden kann. Über den Erdöllagerstätten befindet sich meistens auch Erdgas.

13 „Wenn ich Energiechef wäre...

...dann würde ich eine Energiequelle erfinden, die nie alle wird und das Klima nicht kaputt macht.“ – Zu spät! Da war jemand schneller und hatte die Idee schon. **Diese Gruppe der Energiequellen, die nie alle werden und das Klima schützen nennt man erneuerbare Energien.**

MERKE

Erneuerbare Energien sind Sonnenenergie, Windenergie, Wasserkraft, Erdwärme und Bioenergie

AUFGABE

Stellt euch vor, ihr seid Präsident eines Landes, das selbst entscheiden kann, mit welchen Energiequellen es den Energiebedarf seiner Einwohner deckt. Worauf müsst ihr achten, um eine Entscheidung für oder gegen die Nutzung einer bestimmten Energiequelle treffen zu können? Sammelt eure Argumente und **entscheidet euch für eine Strategie zur Versorgung eures Volkes mit Energie.**

Folgende Argumente könnt ihr verwenden. Fallen euch noch mehr ein?

- Unendliche Energiequelle
- Versorgung abhängig von Tageszeit/Wetter
- (Noch) teuer
- Schützt das Klima
- Schadet dem Klima
- Unabhängigkeit von anderen Ländern
- (Noch) billig
- Schlimme Auswirkungen bei einem Unfall
- Giftige oder radioaktive Abfälle
- Sichere Versorgung (Tag und Nacht)
- Abhängigkeit von anderen Ländern
- Endliche Energiequelle

Strategie 1: Wir bauen nur Kraftwerke, die Kohle verbrennen und daraus Strom und Wärme produzieren.
Dafür:

Dagegen:

Strategie 2: Wir bauen überall Sonnenkraftwerke, die Strom und Wärme produzieren.
Dafür:

Dagegen:

Strategie 3: Wir bauen Sonnenkraftwerke und Windräder und nutzen die auf den Feldern und in den Ställen anfallende Bioenergie zur Erzeugung von Strom u. Wärme.
Dafür:

Dagegen:

Strategie 4: Wir bauen ein Atomkraftwerk, das ganz viel Strom produziert.
Dafür:

Dagegen:

Strategie 5: Wir lassen andere Länder die Energie produzieren und kaufen sie ihnen ab.
Dafür:

Dagegen:

14 Das „Was ist was?“ der Energie

AUFGABE
Überlegt euch, woher welche Energieformen kommen. Ordnet dazu in einem ersten Schritt die nebenstehenden Energiequellen (Erdöl, Uran, Erdgas etc.) ihren Ursprüngen zu und entscheidet, in welche der Energiegruppen sie gehören. Danach überlegt euch, in welcher Energieform die jeweiligen Energiequellen uns ihre Energie bereitstellen.

→ **Energieursprung**
Sonne
Erdwärme
Atomkern

→ **Energiegruppe**
Eneuerbare Energie
Fossile Energie
Kernenergie (Atomkraft)

→ **Energieform**
Bewegungsenergie
Wärmeenergie
Lichtenergie
elektrische Energie
chemische Energie

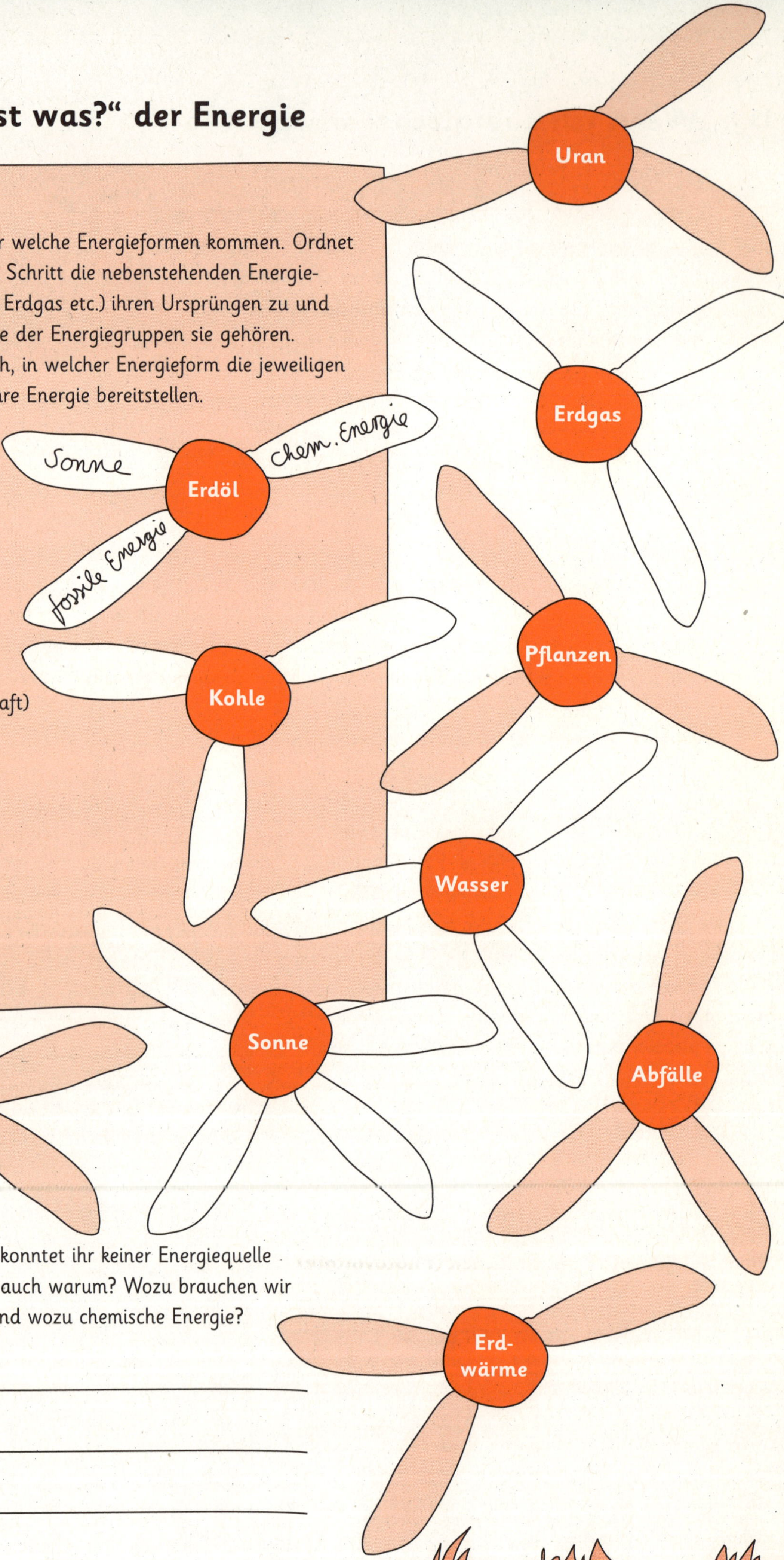

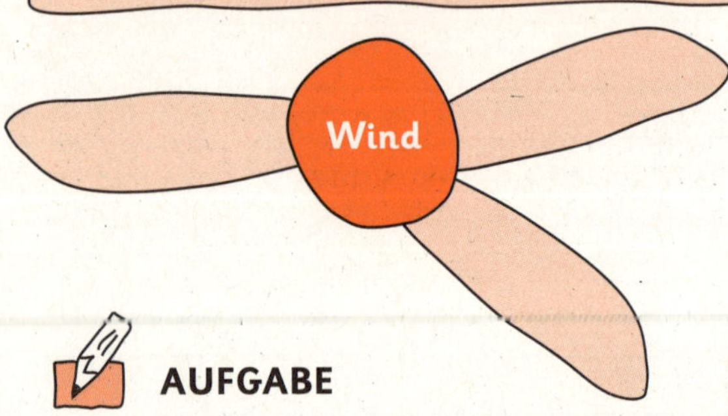

AUFGABE
Welche Energieform konntet ihr keiner Energiequelle zuordnen? Wisst ihr auch warum? Wozu brauchen wir elektrische Energie und wozu chemische Energie?

____

____

____

____

15 Was die Sonne alles kann ...

AUFGABE

...sie lässt Pflanzen wachsen

Die Energie zum ____________ bekommen Pflanzen aus der ________. Das Licht, das tagsüber scheint, reicht vollkommen aus, um das _________________ aus der Luft und im Boden in ______________ umzuwandeln. Dabei sind die Pflanzen einzigartig, denn sie atmen Kohlenstoffdioxid ein und ____________ aus. Bei Menschen und Tieren ist das umgekehrt: Wir brauchen den Sauerstoff, um zu leben, und atmen Kohlenstoffdioxid aus.

Wachsen | Würmer | Kohlenstoffdioxid | Sonne | Chlorophyll | Sauerstoff | schwimmen | Pflanzenmaterial | Regen

Nachts atmen die Bäume umgekehrt

In der Nacht nützt die Photosynthese den Pflanzen wenig, weil sie nur bei Licht funktioniert. Um aus Traubenzucker lebenswichtige Energie zu gewinnen, wandeln sie ihn in Kohlenstoffdioxid und Wasser um. Dazu benötigen sie Sauerstoff aus der Luft. Dieser Verbrauch ist allerdings viel geringer als die Menge an Sauerstoff, die die Pflanzen tagsüber produzieren!

AUFGABE

...sie wärmt unsere Häuser (Solarwärme)

Dass die Sonne wärmen kann, ist nichts Neues. Um diese Wärme der __________ auch technisch für unser _____________ oder im Winter für die Unterstützung der _____________ nutzen zu können, wurden sogenannte Solarkollektoren entwickelt, die meist auf den _________ montiert werden. Die Funktionsweise eines _______________ ist recht einfach: schwarze Platten nehmen die Sonnenstrahlen auf und erwärmen sich. An der ____________ der Platten befinden sich kleine Rohrleitungen, durch die eine Flüssigkeit fließt. Diese ___________ sich, wenn sie an den schwarzen, heißen ________ vorbeikommt. Die heiße Flüssigkeit wird durch Rohre in unsere Häuser geleitet und gibt dort ihre Wärme an unser__________ab, das wir zum Baden oder Heizen verwenden.

Wärmetauscher | Sonne | Solarkollektors | Rückseite | erwärmt | Dächern | Temperatur | Hauses | Wärme | Platten | Warmwasser | Heizung | heiß | Wasser | Heizungsrohre

AUFGABE

...sie kann Strom machen (Photovoltaik)

Ein Photovoltaikmodul sieht fast genauso aus wie ein _______________, der die Sonnenstrahlen in Wärme umwandelt. Es funktioniert aber ganz anders: Wenn die ____________ auf die Oberfläche treffen, so wird im Modul _______erzeugt, der durch die Leitungsbänder (silbern) zentral zusammengeführt wird.

Solarkollektor | trocken | Strom | Sonnenstrahlen | Kabel | Strom | Staubsauger | Wärme

Was ist eigentlich Strahlungsintensität?

Mittags und im Süden strahlt die Sonne intensiver als z.B. morgens oder abends und im Norden. Und im Sommer stärker als im Winter. Das liegt daran, dass aufgrund der Neigung der Erde zur Sonne die Sonnenstrahlen mal steiler und mal schräger einfallen.

16 Strom und Wärme aus der Sonne

AUFGABE

Kreuze an, um welches Gerät es sich bei der jeweiligen Abbildung handelt.

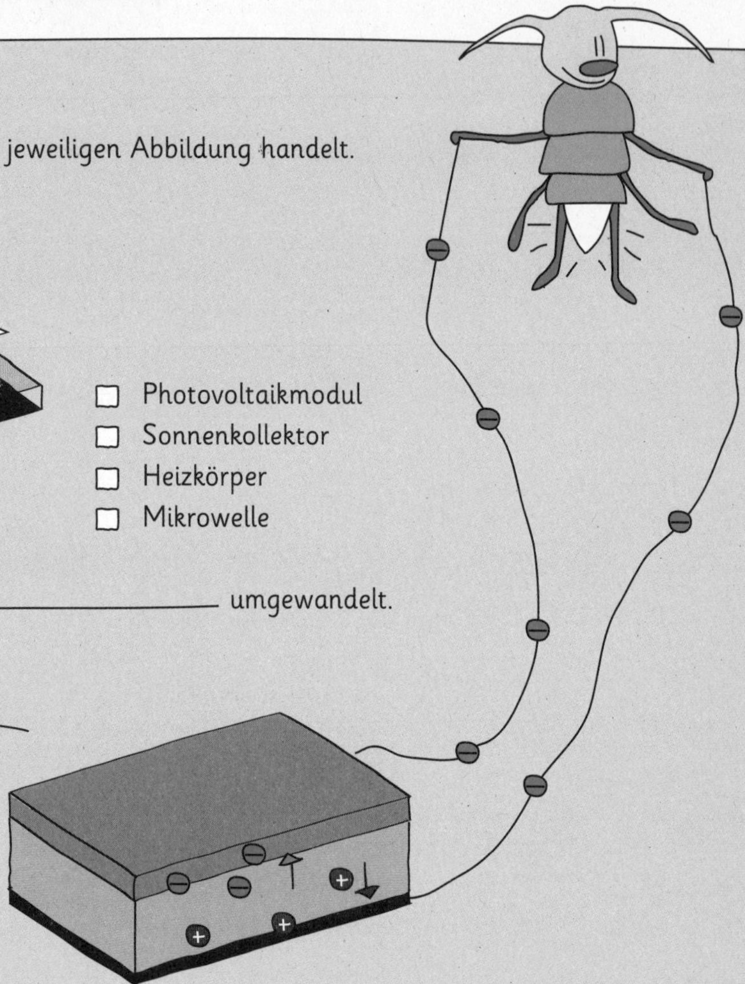

- ☐ Photovoltaikmodul
- ☐ Sonnenkollektor
- ☐ Heizkörper
- ☐ Mikrowelle

Hier werden die ______________ in ______________ umgewandelt.

- ☐ Photovoltaikmodul
- ☐ Sonnenkollektor
- ☐ Heizkörper
- ☐ Mikrowelle

Hier werden die ______________ in ______________ umgewandelt.

Siehst du den Unterschied?

Das ist ein ______________________ Das ist ein ______________________

AUFGABE

Was passiert, wenn Schnee auf dem Dach liegt?

Wird trotzdem Wärme und/oder Strom erzeugt? Wenn ja, weißt du warum?

____

17 Ohne Pflanzen geht nur wenig

AUFGABE

Was Pflanzen alles zum __________ brauchen, wisst ihr ja nun schon. Aber dass Pflanzen unser wichtigster ______________ sind, ist euch vielleicht noch gar nicht bewusst. Zuerst benötigen wir sie selbst, um unsere Energie zum ________, ___________ und ________ zu bekommen. Wenn wir Gemüse oder Obst oder Brot essen, dann baut unser Körper diese Nahrungsmittel in Energie um. Auch _________ ist im Endeffekt nichts anderes als Pflanzen, die von einem Tier in ________ und ________ umgewandelt wurden.

Regen | Wachsen | Fleisch | Energielieferant | Bibliothekar | Bewegen | Muskeln | Fett | Freund | Leben | Wachsen

Aber auch für den alltäglichen Energiebedarf nutzen Menschen seit jeher **Pflanzenmaterial**, um ihre Unterkünfte zu beheizen, zu kochen, um elektrischen Strom zu produzieren oder mit dem Auto zu fahren:

--> Wie früher bei uns werden auch heutzutage noch in den meisten Ländern der Welt Holz und anderes Pflanzenmaterial und Abfälle verbrannt, um zu kochen und zu heizen (Nutzung von Bioenergie nennt man das).

--> Benzin, Heizöl, Erdgas oder Kohle sind von Mikroorganismen unvollständig abgebautes und über die Jahrmillionen umgewandeltes Pflanzenmaterial (sie heißen deshalb fossile Energiequellen).

--> In manchen Kraftstoffsorten werden heutzutage neu gewachsene pflanzliche Grundstoffe beigemischt (z. B. in Biodiesel).

--> In Kraftwerken wird die Biomasse verbrannt, um Wasser zu erhitzen. Der Wasserdampf wird an einer Turbine vorbeigeführt, die deshalb zu drehen beginnt. Sie gibt die Drehung an einen Generator weiter, der daraus Strom produziert (ähnlich wie beim Fahrraddynamo).

Pflanzen wandeln also Sonnenenergie in chemische Energie um. Chemische Energie können wir durch ____________________ in folgende Energieformen umwandeln:

1. ______________________________

2. ______________________________

3. ______________________________

Kohlenstoffdioxid ist hauptverantwortlich für den Treibhauseffekt und den Klimawandel. Manche Erwachsenen behaupten daher, dass man weniger atmen sollte, um das Klima zu schützen. Warum ist diese Aussage unsinnig?

Was ist eigentlich Bioenergie?
Bioenergie wird aus pflanzlichen oder tierischen Produkten bzw. Abfällen gewonnen. Das sind z. B.: Holz, Stroh, Gülle, Kuhdung, Kompost, …

18 Strom und Wärme aus Bioenergie

19 Mit Wind und Wasser

AUFGABE

Das klingt erstmal __________: Die Sonne soll für den _______ und die Existenz von ____________ verantwortlich sein? Stimmt aber, denn Wind ist nichts anderes als sich bewegende _________. Und wenn die Luft an einer Stelle ________ wird, dann steigt sie nach oben (denn warme Luft ist leichter als kalte Luft!), und ______ Luft kann an ihre Stelle nachströmen. Sonst würde ja ein ______ dort entstehen, wo vorher die warme Luft war. Wenn die Sonne also nun an einer Stelle der Erde mehr scheint als an einer anderen Stelle, oder die ____________________ sich unterschiedlich schnell erwärmt, dann entstehen die sich ausgleichenden ________. Das ist übrigens auch ein Grund dafür, dass an der ________ meist ein stärkerer Wind weht als im Inland: die Landmassen erwärmen sich schneller als die Wassermassen des ________ und steigen auf, während kühle Meeresluft aufs Land _________.

Wind | Walfisch | Flüssen | Fischer | komisch | kältere | Erdoberfläche | Küste | erwärmt | Meeres | strömt | Luft | Winde | Legende | Loch

Und wie ist das mit den Flüssen?
Warum würden ohne die Sonnenwärme keine Flüsse existieren? Denk mal selber nach! Diese Worte helfen dir bei der Beantwortung der Frage:

Quelle – Verdunstung – Flusslauf – Regen – Meer – Berge – Wärme.

Wind durch Erddrehung (Coriolis-Kraft)
Wind entsteht nicht nur durch den Ausgleich unterschiedlich warmer Luftschichten, sondern auch durch die Erddrehung. Die Erde dreht sich von West nach Ost um 15 Längengrade pro Stunde.

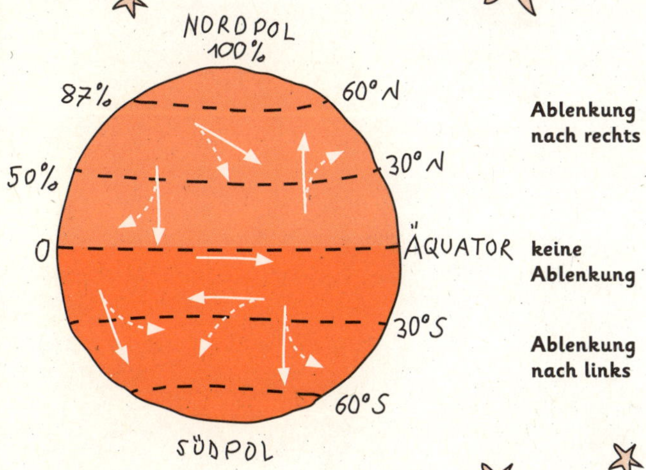

Was passiert, wenn die Erde sich dreht?
Alles mit „mehr oder weniger" festem Kontakt zur Erde dreht sich mit! Ein Luftpaket besitzt an einem Ort (bei Windstille) die Geschwindigkeit, die auch die Erdoberfläche hat. Was passiert aber, wenn das Luftpaket sich von Hamburg aus in Richtung München in Bewegung setzt?

1. **Wenn die Erde sich nicht dreht?** Dann bewegt sich das Luftpaket solange geradeaus, bis es in München angekommen ist!
2. **Wenn die Erde sich dreht?** Dann bewegt sich das Luftpaket ungefähr bei Augsburg an München vorbei und kommt nie in München an! Warum?

Weil das Hamburger Luftpaket für Münchner Geschwindigkeitsverhältnisse zu langsam ist und es daher die Drehung von West nach Ost auf dem Münchner Breitenkreis nicht mitmachen kann. Es fällt daher zurück und kreuzt den 48. Breitengrad z.B. bei Augsburg und nicht wie vorgesehen in München.

20 Strom aus Wind und Wasser

Wind und Flüsse haben eine gemeinsame Eigenschaft: Es strömt etwas. Beim Wind strömt die Luft (das kann man an den fliegenden Haaren erkennen), und in Flüssen strömt das Wasser vom Berg zum Tal bzw. zum Meer.

Darum funktionieren Windkrafträder und Wasserkraftwerke ähnlich:

1 Die strömende Luft oder das fließende Wasser setzt ein Rad in Bewegung (**Turbine**).
2 Die Turbine dreht sich und treibt einen **Generator** an.
3 Der Generator erzeugt durch die Drehung **Strom** (wie beim Fahrraddynamo).

Mit Wind und Wasser kann also nur Strom hergestellt werden, Wärme kann man hierdurch nicht erzeugen – es sei denn, man klaut ihnen ihre Wärme, indem man sie abkühlt!

AUFGABE

Markiere in den unten stehenden Zeichnungen

1 mit einem roten Stift: was **strömt**
2 mit einem blauen Stift: was die Strömung in eine **Drehbewegung ändert**
3 mit einem gelben Stift: was aus der Drehbewegung **Strom erzeugt**
4 mit einem grünen Stift: was den elektrischen **Strom nutzt.**

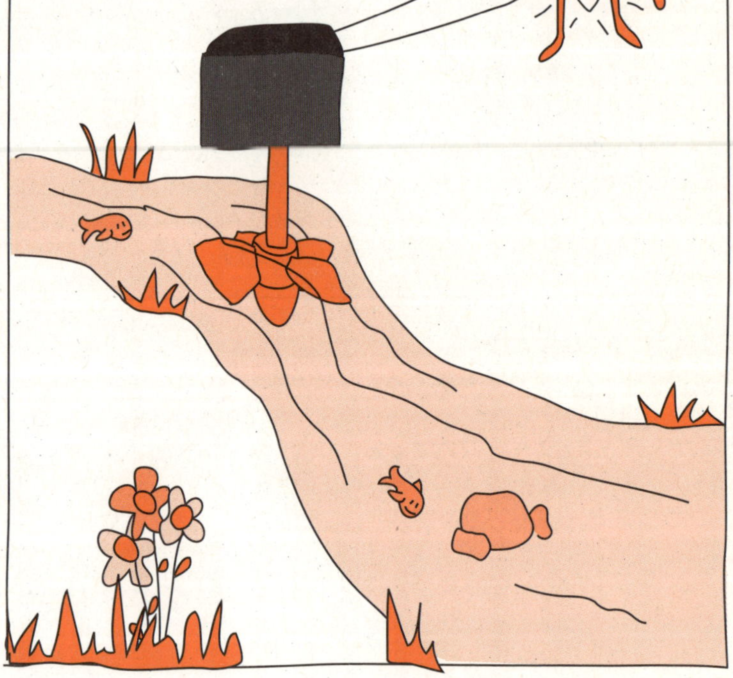

Nachmachen erlaubt!

Nimm die Aluschale eines Teelichts und schneide den Rand regelmäßig ein. Wenn du nun einen Zahnstocher durch die Mitte der Aluschale stichst und die Ränder wie Schaufeln nach außen biegst, so hast du dir schon dein eigenes Wasserrad gebaut!

Probier es unter dem Wasserhahn aus. Wann dreht es sich am schnellsten: wenn wenig oder wenn viel Wasser aus dem Wasserhahn kommt? Wenn du es an höherer oder niedrigerer Stelle hältst? Weißt du auch warum?

21 Die natürliche Fußbodenheizung der Erde

Dass die Erde selbst auch Wärme abgibt, ist auf den ersten Blick nicht sehr einleuchtend: im Winter sind die Böden gefroren, und im Sommer sind sie nur an den Stellen wirklich warm, auf welche die Sonne geschienen hat. Diese Beobachtung stimmt aber nur für die äußerste Oberfläche der Erde, die sich den Temperaturen der Luft anpasst. **Je tiefer man in die Erde hineingeht, desto wärmer wird sie:** in der Mitte der Erde herrscht sogar eine Temperatur von 6.000°C! Warum? Frage deinen Lehrer oder schau im Internet nach…

Um die Wärme aus der Erde, welche die Fachleute **Geothermie** nennen, nutzen zu können, wird ein alter Trick verwendet: man pumpt das im Boden vorhandene Wasser (Tiefenwasser) an die Oberfläche und entzieht ihm die Wärme. Dann schickt man das abgekühlte Wasser wieder zurück, wo es sich wieder aufwärmt. Die Wärme verwendet man entweder direkt als Wärme, oder um Strom zu erzeugen. Das Ganze kann man unendlich oft wiederholen, denn soviel Wärme, wie in der Erde gespeichert ist, können wir bis ans Ende der Menschheitsgeschichte nicht verbrauchen…

AUFGABE
Finde den Weg, den das Wasser unterirdisch fließt, um sich aufzuheizen. Wie kommt es wieder zum Geothermiekraftwerk zurück?

22 Erneuerbare Energien in Europa

AUFGABE

In Europa gibt es viele Orte, an denen Energie aus Sonne, Wind, Wasser, Erdwärme oder Bioenergie genutzt wird. Die Politiker wollen aber noch mehr erneuerbare Energien einsetzen, um das Klima zu schützen und nicht mehr so viel Energieträger aus anderen Regionen der Welt herantransportieren zu müssen.

Hilf ihnen dabei und überlege, wo man am besten welche Energieträger in Europa nutzen kann. Schneide dazu die unten stehenden Kreise aus und ordne die Energieträger Sonne, Wind, Wasser, Bioenergie und Erdwärme den Orten zu, an denen sie deiner Meinung nach gut erzeugt werden können. Begründe deine Entscheidung!

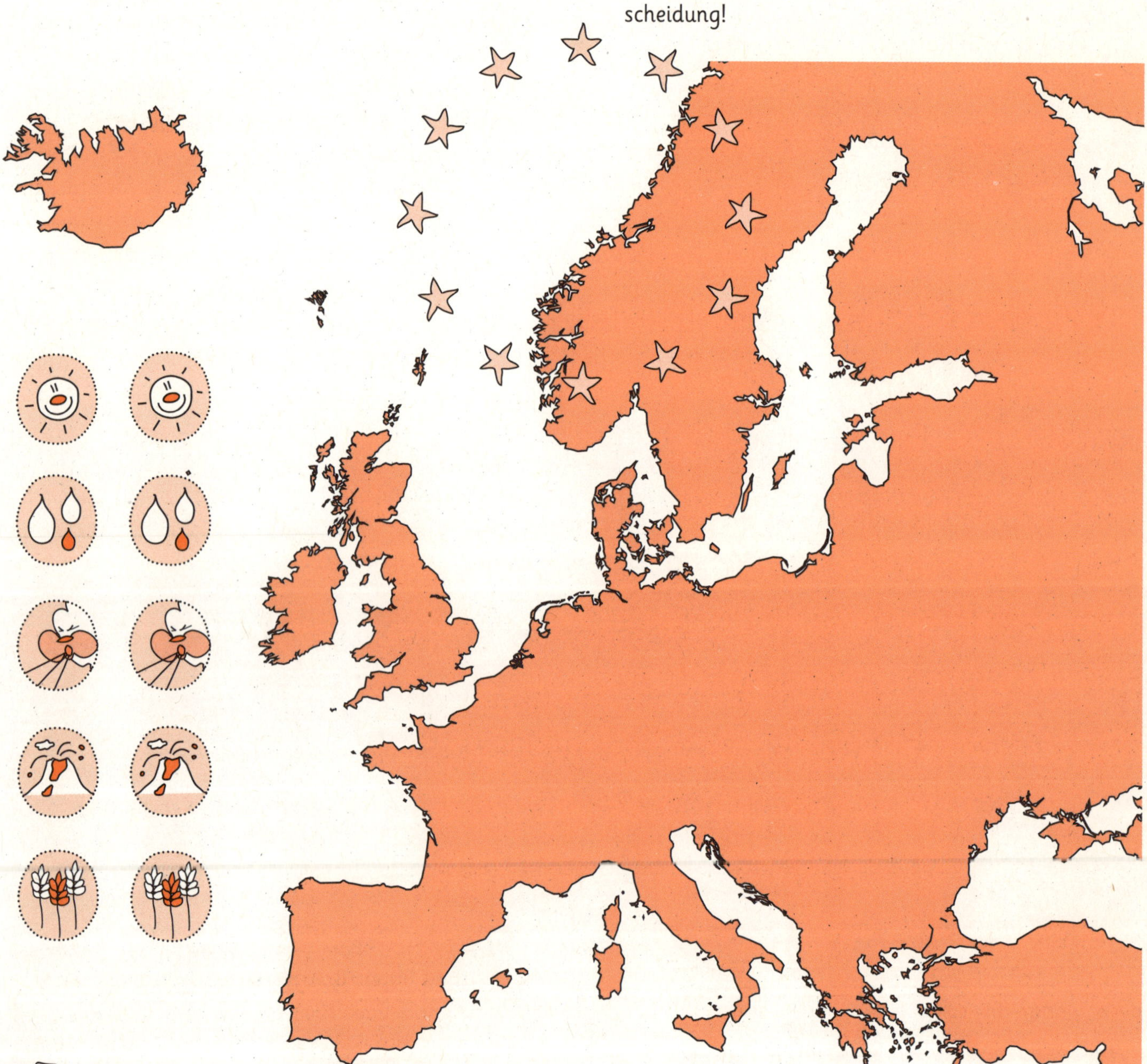

TIPP

Sonne gibt es viel in/am ________________________________. Am ________________ und in den ____________ ist es meistens windig. Viel Bioenergie gibt es dort, wo Land- oder Forstwirtschaft betrieben wird: ________________________________. Das Wasser von Flüssen ist dort besonders schnell, weil es abwärts fließt: ________________________. Wo es Vulkane und heiße Quellen gibt, kann man gut die Erdwärme nutzen. Das ist vor allem in den Ländern ____________ und ____________ der Fall.

23 Treibhauseffekt – find ich gut!

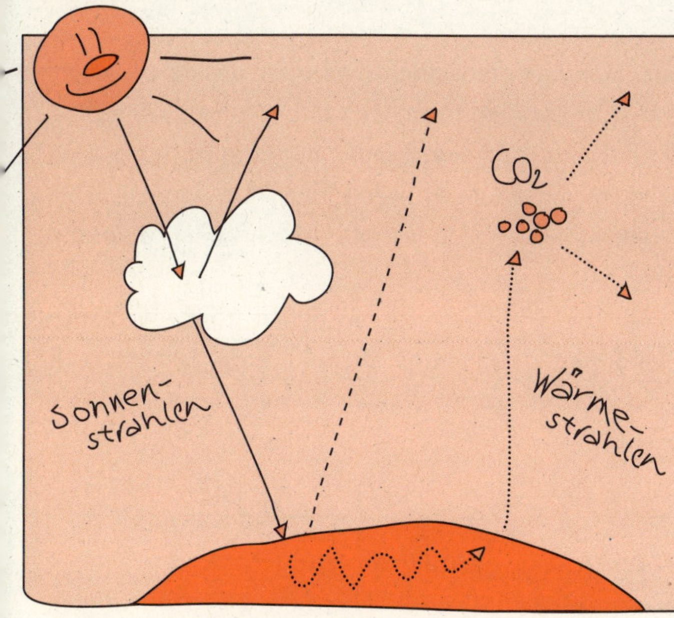

Um die Erde herum befindet sich eine Lufthülle, die aus verschiedenen Gasen besteht und die Erde schützt. Diese Hülle heißt **Atmosphäre** und ohne sie wäre es ganz schön kalt auf der Erde: Die in der Atmosphäre vorhandenen Gase sorgen nämlich dafür, dass die Sonnenstrahlen auf die Erde gelangen, lassen aber nur einen Teil der von der Erde wieder zurückgestrahlten Wärme in den Weltraum entweichen. Wenn wir diese sogenannten **Treibhausgase** nicht hätten, wäre es auf der Erde durchschnittlich –18°C kalt (33°C kälter als momentan). Das bekannteste Treibhausgas heißt **Kohlenstoffdioxid**. Andere Treibhausgase sind: **Methan** und **Ozon**.

EXPERIMENT

Füllt ein leeres Marmeladenglas mit dunkler Erde, legt ein Thermometer hinein und schraubt es wieder zu. Stellt dieses Marmeladenglas eine Schulstunde lang in die Sonne. Vergleicht die Raumtemperatur außerhalb des Marmeladenglases alle 5 Minuten mit der Temperatur im Glas. Was stellt ihr fest? Könnt ihr erklären, was passiert ist?

Uhrzeit	Temperatur im Glas	Temperatur im Raum

Ideen, warum das so ist:

Meine Erklärung für das Phänomen:

Das meinen meine Klassenkameraden:

Was ist denn eigentlich Kohlenstoffdioxid?
Kohlenstoffdioxid (auch Kohlendioxid genannt) wird wegen seiner Zusammensetzung aus Kohlenstoff (C) und Sauerstoff (O) auch häufig CO_2 genannt. Es ist ein Bestandteil unserer Luft, ebenso wie Sauerstoff und Stickstoff. Es kommt nur in sehr viel geringeren Mengen vor: Normalerweise besteht unsere Luft nur zu 0,035% aus CO_2. Das heißt: von 1.000.000 Teilen Luft sind 350 Teile CO_2. Man sagt auch: eine Konzentration von 350 ppm (parts per million).

Der Klimawandel

In den Nachrichten und Zeitungen wird immer mehr über den **Klimawandel** berichtet. Doch was ist das eigentlich?

Jede Region auf der Erde kann aufgrund ihrer Lage einem ganz bestimmten Klima zugeordnet werden. In der Sahara ist es trocken und heiß, in den Tropen warm und feucht, bei uns herrscht ein gemäßigtes Klima und in der Nähe vom Nordpol ist es meistens kälter als 0 °C. Das Klima in den verschiedenen Regionen ist so etwas wie eine Zusammenfassung des typischen Wetters, das dort herrscht. Wenn sich das Klima wandelt, so bedeutet dies, dass es sich ändert: In trockenen Ländern wird es noch trockener oder es regnet häufiger, in feuchten und warmen Regionen gibt es häufiger Unwetter. In kalten Gebieten wird es wärmer.

Der Klimawandel, von dem in den Nachrichten berichtet wird, findet momentan überall auf der Erde statt. Er führt dazu, dass es fast überall wärmer wird auf unserem Planeten.

Was ist denn so spannend am Klimawandel, dass die Nachrichten darüber berichten?

Zum einen gibt es ihn noch nicht sehr lange und alles, was neu ist, ist zunächst spannend. Fragt mal Eure Eltern oder Großeltern, wann sie das erste Mal davon gehört haben… Vor allem aber bleibt ein Klimawandel nicht ohne Folgen, sondern ist für Menschen und Umwelt gefährlich. Was genau alles passieren wird und wie stark sich die Erde tatsächlich erwärmt, erforschen gerade die Wissenschaftler in aller Welt. Einig sind sie sich aber darüber, dass mindestens folgende Dinge passieren werden:

1 Die Wüste breitet sich aus. Die dort lebenden Menschen

2 Der Mangel an Regen führt dazu, dass

3 Auch extremere Wetterlagen, wie

4 Die Gletscher

5 Wenn auch die riesigen Gletscher am Südpol schmelzen,

AUFGABEN

1 Guckt euch eine Karte von Europa an und stellt fest, welche Länder besonders vom steigenden Meeresspiegel betroffen sein werden. Nehmt euren Atlas dafür zur Hilfe.

2 Welche großen deutschen Städte liegen an der Küste?

3 Welche Auswirkungen (auch indirekte Folgewirkungen) werden in Berlin spürbar sein?

4 Im vergangenen Jahrhundert sind in Europa die Temperaturen um 1 °C und der Meeresspiegel um 30 cm gestiegen, die Gletschermenge ist um die Hälfte geschmolzen und aufgrund der Erwärmung ist mittlerweile das alte Kinderlied „Alle Vögel sind schon da" inhaltlich falsch. Viele Zugvögel bleiben in den warmen Wintern einfach hier, statt in den Süden zu ziehen. Fallen dir welche ein?

25 Was hat denn Energie mit dem Klimawandel zu tun?

Wenn wir fossile Energiequellen verwenden, dann verbrennen wir Pflanzenmasse, die vor Millionen von Jahren auf der Erde gewachsen ist. Damals war die Luft nicht genau gleich wie heute, sondern hatte einen höheren Gehalt an **Kohlenstoffdioxid**. Das kann uns eigentlich heute egal sein, denkt ihr? Weit gefehlt. Denn wenn wir heutzutage diese fossilen Energiequellen (Kohle, Erdgas, Erdöl) verbrennen, um ihre Energie nutzen zu können, dann wird dieses Kohlenstoffdioxid wieder frei. Und was passiert dann?

Kohlenstoffdioxid ist ein Treibhausgas, d.h. es macht die Atmosphäre der Erde für die Wärme undurchlässiger. Dadurch heizt sie sich immer mehr auf (wie in einem Gewächshaus, deshalb nennt man dieses Phänomen auch „den vom Menschen verursachten **Treibhauseffekt**"). Obwohl Kohlenstoffdioxid also an sich wichtig zum Leben ist (sonst wäre es auf der Erde -18°C kalt), ist zuviel davon auch nicht gut: Das gilt hier genauso wie für Schokolade, Fernsehen und Schule…

Die Politiker hatten die Idee, die Energie einfach teurer zu machen, damit die Leute weniger Energie verbrauchen und somit das Klima schützen. Dazu haben sie eine Steuer erhoben, d.h. sie nehmen für jede Kilowattstunde Energie, die verbraucht wird, ein paar Cent. Diese Steuer heißt **Ökosteuer** und viele Erwachsene schimpfen auf sie, weil sie denken, dass diese gar nicht ökologisch ist. Die eingenommenen Gelder werden nämlich nicht nur für die Umwelt eingesetzt, sondern auch für andere wichtige Dinge. Trotzdem ist sie ökologisch, weil die Leute durch sie nämlich weniger Energie verbrauchen…

AUFGABEN

1 Wie groß wären die jährlichen CO_2-Mengen, wenn alle Menschen so leben würden wie wir in Deutschland? Um die Frage zu beantworten, braucht ihr einen Atlas, einen guten Kopfrechner in der Klasse und die Zahlen des Kastens…

Ergebnis:

____________________ Mio Tonnen, das ist ________ mal mehr als in Wirklichkeit!

2 Die gesamte lebende Biomasse, insbesondere der Wälder und Meerespflanzen, speichert jährlich rund 17 Milliarden Tonnen CO_2. Diskutiert in der Gruppe, welche Auswirkungen das Ergebnis aus Aufgabe 1 auf unser Klima bzw. den Klimawandel hätte. Warum produzieren wir mehr Kohlenstoffdioxidemissionen als die meisten anderen Menschen auf der Welt?

Kohlenstoffdioxidemissionen

Durch die Energie, die wir verbrauchen, entstehen jedes Jahr viele Tonnen des Treibhausgases CO_2, die den Treibhauseffekt verstärken:

Weltweit sind das:
25.000.000.000 Tonnen im Jahr
(in Worten: 25 ________________ Tonnen)
in Deutschland davon:
900.000.000 Tonnen im Jahr
(in Worten: 900 ________________ Tonnen)
das sind **pro Einwohner in Deutschland** (Babies und Omas mitgerechnet):
11 Tonnen im Jahr,
- 2/5 für die Stromerzeugung
- 1/5 für den Verkehr
- 1/5 für die Industrie
- 1/5 für Haushalte und Kleinverbraucher

1 kWh Strom = 800 g CO_2-Emission
(das sind ________________ Tonnen)

26 Malen nach Zahlen: Klimawandel

AUFGABE

Male die untenstehenden Bilder aus. Benutze dabei für die mit Zahlen gekennzeichneten Felder die in der Legende angegebenen Farben.

Klimaerwärmung bei gleichbleibendem Energieverhalten (steigende CO_2-Emissionen)

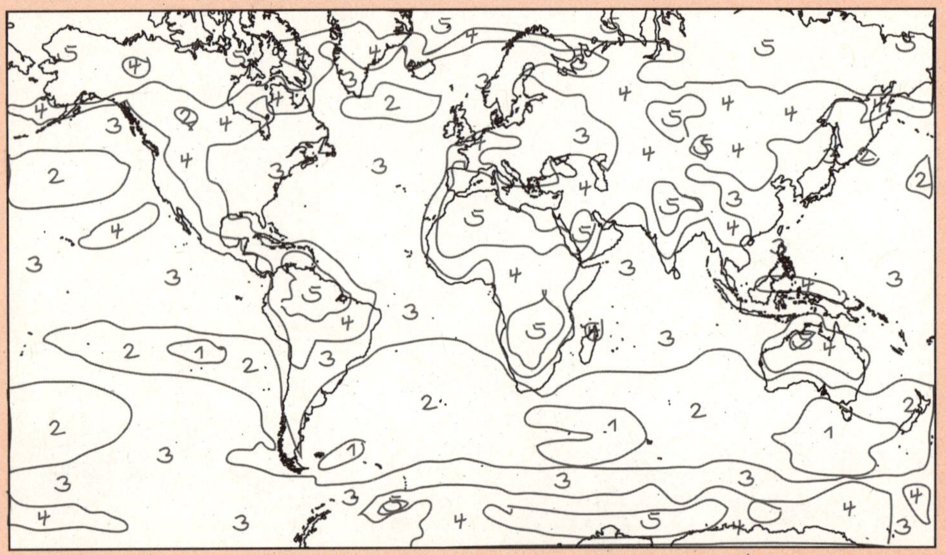

Klimaerwärmung bei starker Verringerung der CO_2 Emissionen (Stabilisierung bei 450 ppm – 100 ppm mehr als heute)

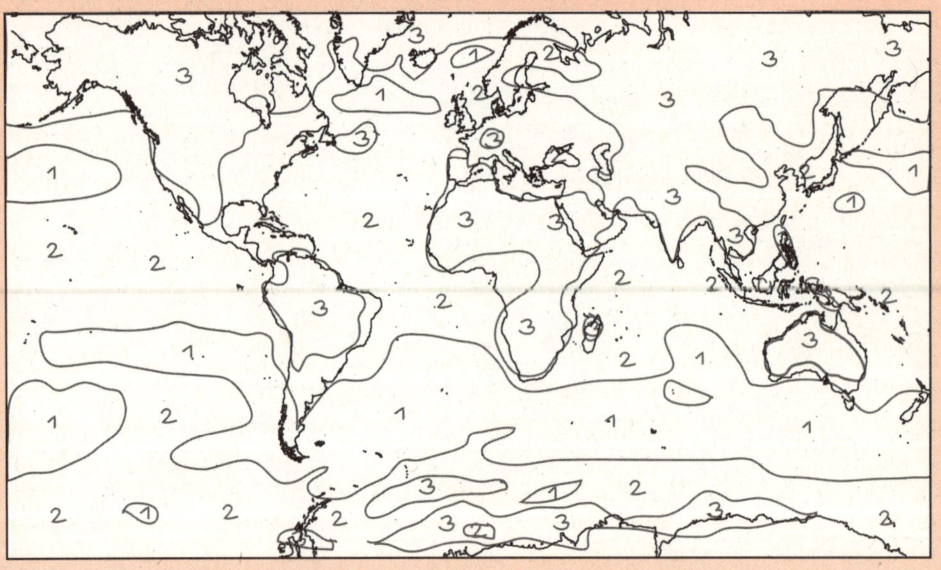

Temperaturänderung zu heute

1°C	2°C	3–4°C	5°C	6–7°C
1	2	3	4	5
Gelb	Orange	Rot	Lila	Schwarz

27 Klimawandel in Europa

Wenn es in Europa wärmer wird, so ändert sich auch hier einiges. Überlegt in der Gruppe, welche Auswirkungen der Klimawandel auf eure liebsten Sommer- und Winterreiseziele haben kann. Schneidet die untenstehenden Bilder aus und ordnet sie den Urlaubsgebieten zu. Diskutiert Möglichkeiten zur Verringerung der Auswirkungen im Alltag, wenn der Klimawandel erst mal da ist. Können sich alle Menschen diese leisten und was passiert, wenn nicht? Denkt dabei daran, dass die Ursachen des Klimawandels überall auf der Welt zu finden sind und nicht nur dort, wo die Folgen des Wandels sichtbar werden.

Ich fahre am liebsten nach/in ____________________.
Durch den Klimawandel kann es passieren, dass dort
____

28 Das Klimafrühstück

Erdbeeren, Äpfel, Pflaumen, Gurken, Paprika, Tomaten und Möhren sind gesund. Dummerweise haben die Pflanzen jedoch die Eigenschaft, nicht das ganze Jahr über reifes Obst oder Gemüse zu liefern. Das merkt man im Supermarkt allerdings oft gar nicht: Es gibt alles – fast immer.

Das liegt daran, dass viele Sorten in Gewächshäusern gezüchtet werden. Dazu braucht man viel Energie: Wenn es nämlich draußen stürmt und schneit, sind Tomaten und Salatköpfe nur dann zum Wachsen bereit, wenn sie es drinnen mollig warm haben.

Auch für Freilandgemüse und -früchte ist das ganze Jahr über Saison – irgendwo auf der Welt. Allerdings reisen sie dann tausende von Kilometern. Meist per Kühlschiff und LKW. Weil aber Erdbeeren oder anderes Obst und Gemüse nach einer wochenlangen Reise bestenfalls als Mus hier ankommen würden, fliegen sie mit dem Flugzeug. Mehrere Liter Flugbenzin werden für ein Kilo Frischobst von anderen Kontinenten gebraucht. Was uns gut tut, bedeutet fürs Klima eine schwere Belastung …

AUFGABE

Rechnet den **Transportweg** aus, den euer Frühstücksjoghurt zurücklegen musste, bevor er bei euch auf dem Tisch landet. Sammelt eure Ideen, was man machen kann, um den Energieverbrauch zur Herstellung und zum Transport von Nahrungsmitteln zu verringern und damit aktiv das Klima zu schützen!

Die **Erdbeeren** werden in Polen gepflückt, in Aachen zubereitet und nach Stuttgart geliefert: **1246 km**

Die **Milch** wird jeden Morgen in Tanklastwagen nach Stuttgart gefahren: **36 km**

Der **Zucker** kommt von Zuckerrüben, die im Raum Heilbronn und Offenau angebaut, zu Zucker raffiniert und dann nach Stuttgart geliefert werden: **107 km**

Der **Deckel** wird aus Aluminium hergestellt, das nach Weiden geliefert wurde. Die fertigen Deckel werden nach Stuttgart transportiert: **864 km**

Der **Joghurt** wird mit Stammbakterien hergestellt, die aus Schleswig-Holstein kommen: **917 km**

Das **Etikett** wird in Kulmbach hergestellt, das **314 km** von Stuttgart entfernt liegt. Papier und Leim kommen von noch weiter her: **1273 km**

Die **Verpackung** (Pappkisten, Kunststofffolie, Zwischenpappen) werden aus insgesamt **2150 km** Entfernung besorgt.

Das **Glas** und die Zutaten zur Herstellung (Altglas, Sand, Soda etc.) haben zusammen einen Anlieferungsweg von **806 km**

Der **fertige Joghurt** wird von Stuttgart nach Berlin transportiert. Das sind **625 km**.

Lösung

- ☐ 3543 km
- ☐ 8338 km
- ☐ 10535 km

Nachmachen erlaubt!

Es gibt Saison-Kalender, die anzeigen, wann welches Obst und Gemüse in unseren Regionen reif ist. Schaut mal vor eurem nächsten Einkauf drauf!

29 Prima Klima – Klimaschutz ist gar nicht schwer

Die Wissenschaftler und Politiker aller Länder der Welt treffen sich regelmäßig auf Konferenzen, um zu beraten, wie das Klima am besten geschützt werden kann. Dabei sind sie sich einig, dass die Menge an Kohlenstoffdioxid, die täglich durch unsere Industrie und Technik in die Luft geblasen wird, verringert werden muss. Es gibt drei Möglichkeiten, dies zu tun:

1. Man spart Energie.
2. Man verwendet Strom und Wärme aus nicht-fossilen Energiequellen.
3. Man baut technische Anlagen, die bei der Stromerzeugung das CO_2 aus der Luft filtern können.

Außer der Möglichkeit, Energie zu sparen, kostet alles Geld. Das ist ein Problem, denn gerade die Länder, die sehr arm sind, werden in Zukunft am meisten Energie brauchen (um ihre Menschen zu ernähren, die Kinder in die Schule zu schicken und Unterkünfte zu bauen). Aber weil sie arm sind, können sie sich die teuren Möglichkeiten zum **Klimaschutz** nicht leisten. Und weil dort so viele Menschen wohnen, gibt's auch kaum Möglichkeiten, Energie zu sparen: der Energieverbrauch je Mensch ist nämlich nur ganz gering.

Also müssen wir nicht nur für uns Kohlenstoffdioxid einsparen, sondern auch für die Menschen in den Entwicklungsländern, denn sie benötigen in den nächsten Jahren noch mehr Energie, um eine eigene Industrie aufzubauen und ihre Armut zu überwinden. Das ist es, was die Wissenschaftler und Politiker auf ihren Konferenzen auch beschlossen haben. Ist doch nur fair, oder?

AUFGABE

Lest euch den Brief von Yósselin genau durch. Was ist in Yósselins Alltag anders als in eurem? Wo könnte das Leben von Yósselin weniger anstrengend werden durch Nutzung von Energie? Wo könntet ihr in eurem Leben Energie sparen, ohne dass es für euch einen merklichen Unterschied macht? Schreibt Yósselin einen Antwortbrief.

Hallo,
mein Name ist **Yósselin Liseth Escalante**. Ich bin 15 Jahre alt und wohne auf einem Bauernhof in El Salvador. Mein Vater ist seit vielen Jahren Tagelöhner auf diesem Hof. Meine Mutter ist Gelegenheitsarbeiterin, wir haben kein eigenes Haus, sondern wir wohnen zur Miete auf diesem Hof. Auf den Feldern wird Kaffee angebaut. Zu Hause sind wir 10 Personen.
Jeden morgen muss ich um 5 Uhr aufstehen. Zum Frühstück esse ich Bohnen mit Tortilla (Fladenbrot aus Maismehl), manchmal mit Ei. Zum Mittagessen und Abendessen gibt es meist das gleiche. Meine Mutter kocht mit Holz, das wir auf den Kaffeeplantagen sammeln. Wo ich wohne gibt es keinen Strom, ich wohne weit draußen auf dem Land, in den Bergen.
Für meinen Schulweg brauche ich eineinhalb Stunden zu Fuß. Der Unterricht beginnt um 7.30 Uhr morgens, und um 12 Uhr ist Schulschluss (dann beginnt der zweite „Durchgang"). In meiner Freizeit helfe ich bei der Hausarbeit: Ich wasche Kleidung, fege, mahle Mais, hole Feuerholz und helfe im Dezember den Kaffee ernten, um meine Eltern finanziell ein wenig zu unterstützen.
Viele Grüße an alle!

Yósselin Liseth Escalante

30 Wieviel Energie braucht die Welt?

AUFGABE
Schreibe die Energieverbräuche als Zahlen (kWh) aus. **Vorsicht:** Nimm das Blatt lieber quer, denn es sind ganz schön viele Nullen…

Energieverbrauch der Welt:
ca. 113.000 Milliarden kWh pro Jahr

Energieverbrauch von Deutschland:
ca. 4.000 Milliarden kWh pro Jahr

AUFGABE
Seht euch die untenstehende Grafik an. Diskutiert in Gruppen, was auf der Grafik zu sehen ist und was es bedeutet. Warum steigt die Kurve so stark an? Findet mindestens zwei Gründe hierfür und tragt sie in die Grafik ein.

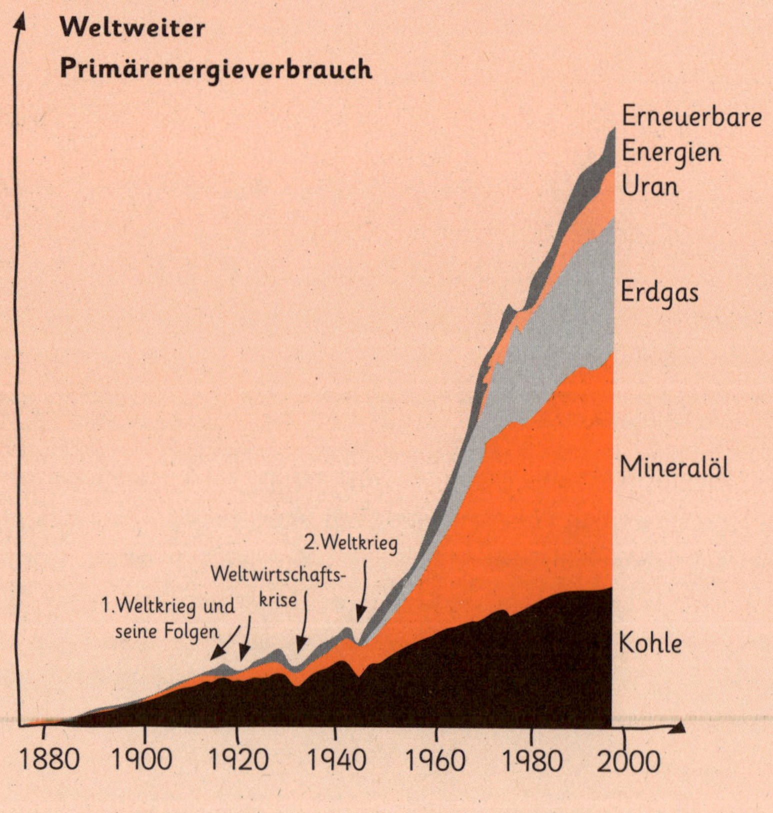

FÜR BESSERWISSER!
Die 4.000 Milliarden kWh Energie werden in Deutschland jedes Jahr gebraucht, um 500 Milliarden kWh Strom und 1.400 Milliarden kWh Wärmeenergie zu erzeugen. Allein die Stromerzeugung frisst noch mal 1.000 Milliarden kWh Energie, die einfach so verloren geht. Ganz schön übel, was?

31 Elektrizität, Wärme und Kraftstoffe

AUFGABE

Male in die rechten Kästchen Situationen, in denen Elektrizität, Wärmeenergie und Kraftstoffe hergestellt, transportiert oder verbraucht werden.

Es gibt drei verschiedene Bereiche, in denen wir **Energie für Technik** in unseren Alltag brauchen:

Der Strom aus der Steckdose ist Energie, die ____________ heißt. ____________________ wird immer in Kabeln transportiert (du kennst sicherlich die Überlandleitungen und die Kabel in der Wand). __________________________ kommt in der Natur nur in nicht für uns nutzbarer Form vor (Zitteraal, Blitz, Nerven…). Sie muss immer aus einer Energiequelle erzeugt werden.

Das **Benzin und der Diesel** von der Tankstelle (oder das Kerosin für die Flugzeuge) heißen ___________________. Sie werden meist flüssig in Tanklastern oder Rohrleitungen, sogenannten Pipelines transportiert.

Die **Wärme** aus der Heizung ist Energie, die ____________ heißt. Sie wird aus **Öl, Erdgas, Biogas Kohle, Holz oder Sonnenenergie** gewonnen. In Berlin wird häufig mit der Abwärme der Kraftwerke geheizt, Fernwärmeheizung genannt. Dadurch wird die Energie besser ausgenutzt. Je nachdem, welche Energiequelle zur Erzeugung von ___________________ verwendet wird, müssen unterschiedliche Heiztechnologien verwendet werden.

Hierfür braucht man **Strom:**

____

____

Hierfür braucht man **Wärme- oder Heizenergie:**

____

Hierfür braucht man **Kraftstoffe:**

____

32 Das Energiequiz

AUFGABE

Überlege, wo in deiner Umgebung Energie eingesetzt wird, was diese Energie bewirkt und woher sie kommt. **Trage deine Ideen in die Tabelle ein.**
Wenn dir nichts mehr einfällt, überlege rückwärts: Was macht alles Lärm oder Geräusche? Was wächst? Was bewegt sich alles? Warum ändert sich die Helligkeit oder Temperatur in einem Raum?

	Das macht die Energie						
Einsatzort der Energie	Bewegung	Lärm/Geräusch	Licht	Wachstum	Wärme/Kälte	Lageänderung	Energie, die gebraucht wird + ihre Herkunft
Auto	X	X	X		X	X	Benzin/Erdöl
Wäschetrockner	X	X			X		Strom/Kohle

33 Ein Stromausfall und seine Folgen

AUFGABE

Stellt euch vor, auf einmal gibt es einen Stromausfall.
Welche Auswirkungen hat er auf euch und eure Umgebung …

… wenn ihr gerade **in der Schule** seid?

____

____

____

… wenn ihr am Wochenende mit euren Eltern **zu Hause faulenzt?**

____

____

____

… **tagsüber/nachts?**

____

____

____

… **im Straßenverkehr?**

____

____

____

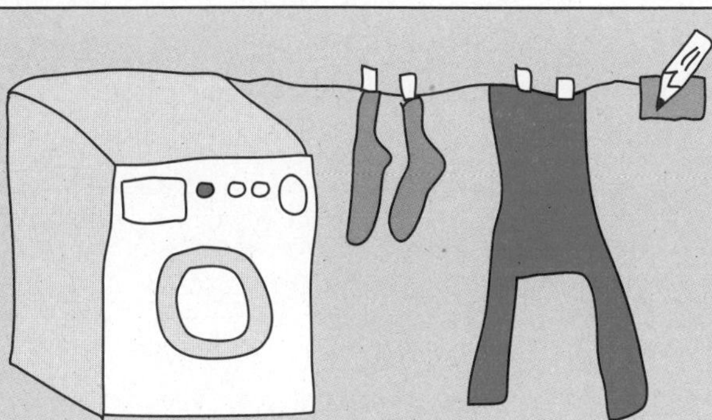

AUFGABE

Malt ein Bild, auf dem die **Auswirkungen des Stromausfalls** zu sehen sind, und diskutiert es in der Gruppe. Gibt es Dinge, die zwar genauso vom Stromausfall betroffen sind, aber weniger schlimm in ihrer Auswirkung? Wo ist Energie wichtig und wo kann man auf sie verzichten bzw. sie durch Muskelkraft oder andere Dinge ersetzen?

34 Wer wird Energiesparweltmeister?

AUFGABE

Wo und wozu braucht ihr zu Hause und in der Schule Energie? Tragt eure Ideen in die linke Spalte ein. Für welche Tätigkeiten gibt es Alternativen zum Energieverbrauch? Wo kann man durch Muskelkraft oder ein helles Köpfchen Energie einsparen*? Listet Eure Ideen in der rechten Spalte auf.

Hier wird Energie gebraucht	So funktioniert es ohne Energie*
Auto fahren	Fahrrad fahren
Wäschetrockner	Wäscheleine

* Natürlich braucht ihr für die meisten Vorschläge auch Energie – eure Muskelkraft nämlich oder Energien, die natürlich in eurer Umgebung vorkommen, wie Wind oder Sonne. Denn ohne Energie tut sich bekanntlich ja nichts. Hier geht es aber darum, Energie in Form von Strom oder Gas/Öl/Kohle zu sparen…

Die Energie wird in **Kilowattstunden** (kWh) gemessen. Die Einheit kWh setzen sich aus zwei Teilen zusammen: der Leistung (kW) und der Zeit (h). Die **Leistung** beschreibt die Anstrengung, die unternommen werden muss, um etwas zu tun. Und je länger man etwas Anstrengendes tun muss, desto mehr Energie benötigt man.

Also: Wenn ihr eure kleine Schwester durch die Gegend tragt, dann braucht ihr in jeder Minute gleich viel Energie dafür (auch wenn ihr den Eindruck habt, dass sie mit der Zeit immer schwerer wird). Und ihr braucht evtl. weniger Energie, euren Papa für 10 Sekunden zu heben, als eure kleine Schwester für eine Minute. Probiert's mal aus!

Ach übrigens … Mit 1 kWh kann man theoretisch 9.000 m hoch springen (wenn man 40 kg wiegt), 10 Liter Wasser kochen, 5 Minuten Auto fahren, 15 Stunden schlafen oder 5 Stunden schnell rennen. Eine 40 Watt-Schreibtischlampe leuchtet damit so etwa 1 Tag lang, eine 60 Watt-Deckenlampe nur etwa 16 Stunden. Um selbst 1 kWh an Energie durch Schokolade zu sich zu nehmen, muss man etwa 1,5 Tafeln verdrücken.
Na dann: **Guten Appetit!**

35 Handwerkzeug für einen guten Energiedetektiven

Ein guter Energiedetektiv braucht vor allem eins: Ein helles Köpfchen, denn die größte Anstrengung ist es herauszufinden, wo und wann in der Schule Energie ver(sch)wendet wird! Daher gilt als oberste Regel: **Erst denken, dann machen!**

AUFGABE

Das werden wir alles messen:	Diese Infos recherchieren wir, bevor wir mit der **Planung/Messung** beginnen:	Diese Infos müssen wir recherchieren, um die **Messergebnisse** zu verstehen:
1.		
2.		
3.		

Dort sollten wir messen:

Das messen wir			
Dort messen wir			

Warum habt ihr euch die in der Tabelle eingetragenen Orte zum Messen ausgesucht?

Dann sollten wir messen:

Das messen wir			
Dann messen wir			

Diskutiert in der Klasse, welche Gründe es für die gewählten Zeiten gibt und was vielleicht gegen sie spricht. **Manchmal genügt es nicht, nur einmal zu messen.** Welche eurer Messungen müssen eventuell zu einem anderen Zeitpunkt wiederholt werden? Warum?

36 Spurensuche: Energie, die in unserer Schule ankommt

AUFGABE

Kreuzt im Bild an, woher die Energie kommt, die eure Schule beheizt. Wo wird geheizt? Von wo bekommt ihr euren elektrischen Strom?

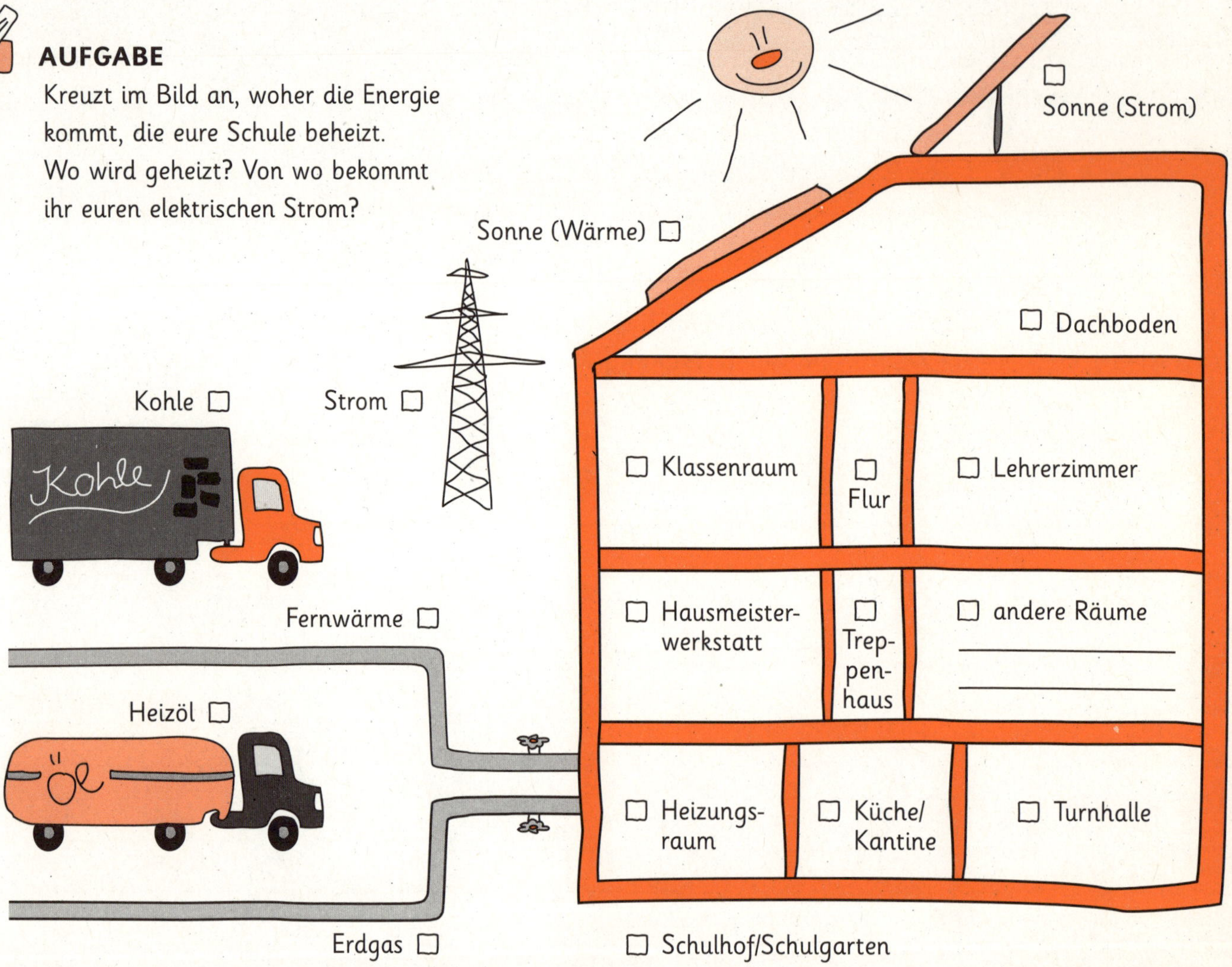

Für unsere Heizungsanlage und den Stromzähler zuständig ist: ______________________________

Wir verbrauchen im Jahr etwa ______________ **Wärmeenergie** und ______________ **Strom**.

☐ Davon werden ______________ kWh Strom von unserer **Schulsolaranlage** geliefert.

☐ Wir haben leider keine Schulsolaranlage

☐ Wir wissen gar nicht, was unsere Schulsolaranlage leistet.

Der aktuelle **Stromzählerstand** ist ____________ kWh. Der Stromzähler befindet sich ____________.

Unsere **Schulheizungsanlage** ist steuerbar und wird nach folgenden Regeln angepasst:

Wochentage/Wochenende:

____

Tag/Nacht:

____

Ferientage/Schultage:

____

Anderes:

____

Die **Heizungsrohre im Keller** sind ☐ gedämmt ☐ nicht gedämmt.

37 Spurensuche: Energie, die unsere Schule wieder verlässt

Datum/Uhrzeit ______________________________ Name/Klasse ______________________________

AUFGABE
Lauft durch eure Schule und seht nach, wo die Energie das Gebäude wieder verlässt. Füllt die Liste aus.

Außentemperatur
Die Außentemperatur beträgt am Tag der Messung ________°C.

Wärmedämmung
Ist das Schulhaus gedämmt? Fragt den Hausmeister.
☐ Ja ☐ Nein

Außenbeleuchtung
Es gibt ________ Lampen, davon sind ________ angeschaltet

Fenster
Es gibt ________ Fenster insgesamt, davon sind ________ offen und ________ gekippt

Türen
Es gibt ________ Türen insgesamt, davon schließen ________ von alleine und ________ müssen von Hand geschlossen werden.
________ Türen sind (ständig) offen oder schließen schlecht.

38 Schulumfrage: Zu warm, zu kalt, zu hell, zu dunkel?

AUFGABE

Nehmt das unten stehende Protokoll zur Hand und befragt eure Mitschüler aus den anderen Klassen, sowie die Lehrer und andere Personen eures Schulalltags. Tragt jeweils die Anzahl der Meldungen zu den Fragen ein. Vergesst nicht, die Außentemperatur am Tag der Befragung zu messen!

Klasse: ________ Anzahl der befragten Schüler: ________

1 Findet ihr es in unserer Schule heute ☐ zu warm ☐ zu kalt ☐ genau richtig ?
Ist es generell in unserer Schule ☐ zu warm ☐ zu kalt ☐ genau richtig ?

Besonders warm ist es in folgenden Räumen: ________________________

In diesen Räumen könnte es wärmer sein: ________________________

2 Hier zieht es: ________________________

Wer lüftet bei euch im Klassenzimmer? ☐ jeder, der will ☐ nur der Lehrer ☐ bestimmte Schüler

Wann wird gelüftet und wie lange? ________________________

3 Was habt ihr zur Zeit meistens an, wenn ihr im Unterricht seid?

☐ Pullover ☐ T-Shirt ☐ Jacke

4 Wie findet ihr die Beleuchtung in der Klasse? ☐ zu hell ☐ richtig ☐ zu dunkel

Gibt es Orte in eurer Klasse oder anderswo in der Schule, an denen es zu hell oder zu dunkel ist?

____

Ist bei euch im Unterricht das Licht ☐ immer an ☐ manchmal an ☐ nie an?

Wer macht bei euch das Licht an, und wer macht es aus? ________________________

Bleibt das Licht in den Pausen/nach dem Unterricht angeschaltet? ☐ ja ☐ nein

5 Hast du schon einmal die Heizung in deinem Klassenzimmer reguliert? ☐ ja ☐ nein

Wenn ja, drehst du sie eher auf oder zu? ________________________

Wenn nein: ist sie überhaupt regulierbar oder fest eingestellt? ________________________

Danke für das Gespräch!

39 Auswertung der Umfrage

AUFGABE

Schaut euch die Ergebnisse der Umfrage an: Was für Schlüsse könnt ihr daraus ziehen?

1 Generell scheint es in unserer Schule ☐ zu warm ☐ zu kalt ☐ genau richtig zu sein.

Diese Räume/Orte scheinen eher zu kalt zu sein: ______________________________

Hier ist es eher zu warm: ______________________________

2 Das Thema Energie interessiert die Befragten ☐ sehr ☐ nicht so ☐ nur wenig

Verantwortlich fürs Lüften ist meistens: ______________________________

4 Hier ist es eher zu dunkel: ______________________________

Um die Beleuchtung der Räume kümmert sich meistens: ______________________________

5 Verantwortlich für die Heizkörperregulierung ist meistens: ______________________________

NOTIZEN

Hier könnt ihr eure **Kommentare** zu der Umfrage eintragen, oder **Hinweise und Tipps** von den Befragten, die wichtig werden könnten bei der Analyse der Energiesituation eurer Schule.

____

____

____

____

____

Hier ist Platz für erste **Ideen zum Energiesparen**.

____

____

____

____

____

Spurensuche: Wo bleibt die Wärme?

Um herauszufinden, wo die Wärmeenergie in eurer Schule bleibt, müsst ihr mithilfe eines Thermometers messen, wann es wo wie warm ist.

Dazu braucht ihr:

1 Raumplan eurer Schule bzw. eine Skizze, in die ihr alle vorhandenen Räume einzeichnet

1 Thermometer (oder mehrere)

1 Messplan, der euch anzeigt, wann ihr wo am besten messt

Messplan erstellen

Nicht alle Räume einer Schule sind gleich warm. Aus verschiedenen Gründen kann es zu unterschiedlichen Zeiten oder Orten zu **Unterschieden in der Temperatur** kommen. Wenn es in eurem Klassenraum z.B. Montag morgens kalt ist, dann heißt das nicht, dass es Freitag immer noch so ist. Deshalb ist es wichtig, sich genau zu überlegen, wann man wo die Temperatur messen möchte.

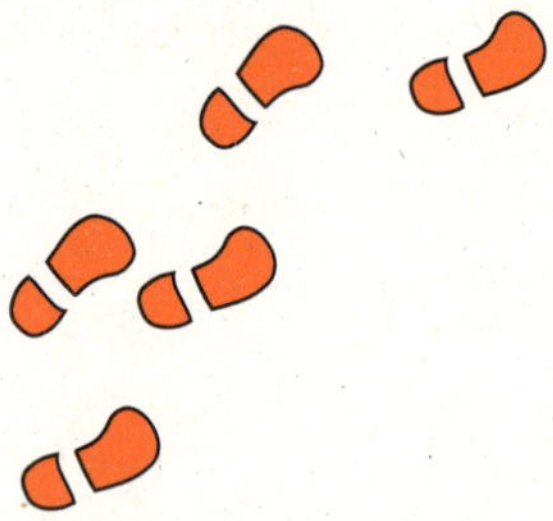

Messprotokoll

Datum ____________ Protokollant ______________________________ Klasse ________

Außentemperatur ____________

Raum/Ort	Zeit	Temperatur	Heizkörperventil eingestellt auf	Fenster (auf/zu)

AUFGABE

Teilt eure Klasse in zwei Hälften. Die eine Hälfte misst die Temperatur an einem Tag in allen Räumen der Schule, die andere sucht sich 2 oder 3 Räume bzw. Orte der Schule aus und misst dort über eine Woche verteilt zu drei unterschiedlichen Zeiten: zu Schulbeginn, in der Pause (etwa gegen 11 Uhr) und zu Schulende. Wenn ihr auch nachmittags oder sogar am Wochenende in die Schule dürft: Dann ist es besonders interessant zu messen!

Wisst ihr, warum?

Ja, weil ____

Nein, aber ich weiß, wen ich fragen kann: ______________________

Antwort von ____________________: ______________________________

____

____

41 Spurensuche: Wo bleibt der Strom?

Strom wird in der Schule und bei euch zu Hause für die Beleuchtung der Räume und für die elektrischen Geräte (Kopierer, Kaffeemaschine im Lehrerzimmer, Kassettenrekorder, ...) gebraucht.

Wisst ihr eigentlich, ob eure **Pausenklingel** auch mit elektrischem Strom funktioniert?

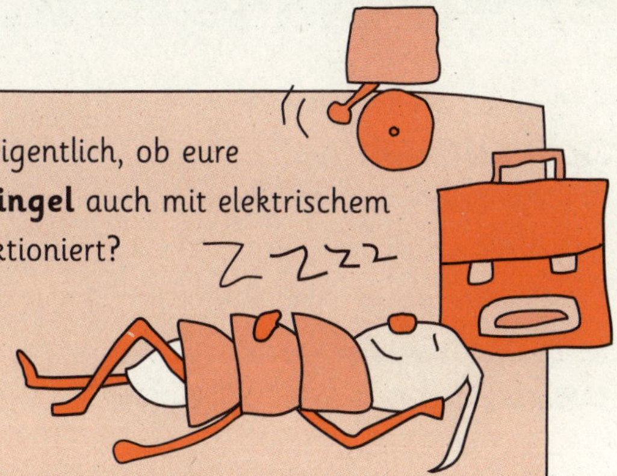

Den Stromverbrauch von elektrischen Geräten misst man mit einem **Stromverbrauchszähler.** Die Einheit des Stroms ist **kWh**.

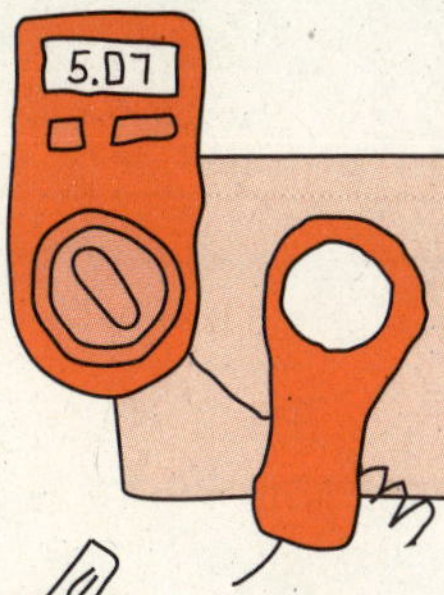

Licht misst man mit einem **Luxmeter.** Die Einheit der Helligkeit heißt **Lux.**

Strategie zum Lichtmessen
Wann, wo, warum?

____

____

Raum/Ort	Messergebnis (Lux)	Pers. Einschätzung (zu hell/zu dunkel/ok)	Möglichkeit, das Licht zu schalten (ja/nein)

Diese elektrischen Geräte
gibt es in unserer Schule:

____

____

Raum/Ort	Gerät	Messergebnis (kWh)	Status (an/Standby/aus)

42 Kombiniere....

AUFGABE

Wenn ihr euch nun, nach getaner Spurensuche, die Ergebnisse eurer Arbeit anschaut, welche **Zensur** würdet ihr eurer Schule im Energiesparen geben? Kreuzt eine der nebenstehenden Zahlen an.

Was ist gut und sollte beibehalten werden?

____

Verglichen mit den **Temperaturrichtwerten**:
Wo ist es wann zu warm in der Schule?

Ort	Zeit	Grund dafür ist/könnte sein

____

Temperaturrichtwerte für Räume
- ··> in denen man still sitzt: 20°C
- ··> in denen man sich bewegt: 18°C
- ··> in denen man sich nicht lange aufhält: 15°C

Beleuchtungsrichtwerte für Räume
- ··> Lichtstärke: 300 lux braucht man im normalen Unterricht.
- ··> In Nebenräumen reichen 100 lux, in Fachräumen muss man genauer hinschauen können, da sollten es eher 500 lux sein.

Verglichen mit den **Beleuchtungsrichtwerten**:
Wo ist es wann auch ohne Lampen hell genug/mit Lampen zu dunkel in der Schule?

Ort	Zeit	Grund dafür ist/könnte sein

____

Das sollte geändert werden ...
um **Wärmeenergie** zu sparen

____

um **Lichtenergie** zu sparen

____

um **Strom** bei den Geräten zu sparen

____

Hier würden wir gerne was ändern ...
... können es aber nicht alleine, denn das brauchen wir dazu:

- ☐ Unterstützung durch den Hausmeister: ______________________
- ☐ technische Änderungen: ______________________

____

43 Schulöffentlichkeit: Energiespartipps der Klasse

Damit alle an eurer Schule mitbekommen, wie sie am besten Energie einsparen können und auch in Zukunft immer daran denken, könnt ihr sie durch kleine Aufkleber an den passenden Orten freundlich daran erinnern. Damit auch die Schulanfänger bzw. Lesefaulen keine Ausrede haben: Malt zu den unten stehenden Verhaltensregeln kleine Bilder, die das Geschriebene veranschaulichen. Knickt das Blatt in der Mitte, so dass man nur die Bilder ohne den Text sieht, und fragt eure Mitschüler aus den anderen Klassen und eure Lehrer, was sie sehen. So kontrolliert ihr, ob eure Bilder verstanden werden.

Die Thermostate an den Heizkörpern nicht über 3 einstellen.

Die Heizungen herunterschalten, wenn die Räume nicht genutzt werden.

Beim Lüften die Thermostate an den Heizkörpern auf ⊛ stellen.

Türen zu den Fluren und Treppenhäusern möglichst geschlossen halten.

Thermoskannen statt Wärmeplatten für den Kaffee im Lehrerzimmer benutzen.

In den Ferien die Heizungsthermostate auf ⊛ und erst kurz vor Schulbeginn auf 2 stellen.

Geräte richtig ausschalten und nicht auf Stand-by lassen.

Licht bei Bedarf an-, in den Pausen und wenn der Raum nicht genutzt wird ausschalten.

Erst die Lampen an der Wandseite einschalten, die von der Fensterseite braucht man selten.

Klimaschutz: Wie viele Bäume braucht unsere Schule?

Durch den Energieverbrauch eurer Schule entsteht Kohlenstoffdioxid, das für den Klimawandel verantwortlich ist. Bäume sind in der Lage, das Kohlenstoffdioxid für einen langen Zeitraum (so lange wie der Baum lebt, also viele Jahre) zu speichern. Das bedeutet, dass Bäume das Kohlenstoffdioxid aus der Luft holen und in Holz umwandeln. So kann das Kohlenstoffdioxid nicht mehr zum Treibhauseffekt beitragen.

AUFGABE

Nun rechnet mal selbst aus: Wie viele Bäume müsste eure Schule pflanzen, um das CO_2 aufzufangen, das ihr durch euren Energieverbrauch verursacht?

1. Das verbraucht unsere Schule an Energie

Elektrische Energie ____________ kWh

Wärmeenergie ____________ m^3 Erdgas
oder ____________ l Heizöl

2. Soviel CO_2 entsteht je

1 kWh elektrische Energie: 0,6 kg
1 m^3 Erdgas: 2,0 kg
1 l Heizöl: 2,6 kg

3. Also entstehen jedes Jahr

__________ kg bzw. __________ Tonnen (1.000 kg) CO_2
durch den Energieverbrauch unserer Schule.

Jeder Baum kann 20 kg CO_2 im Jahr speichern.
Also bräuchten wir __________ Bäume, um das Klima durch unsere Schule nicht zu belasten.

Und für die Fußballfans unter euch …

400 Bäume passen auf ein Fußballfeld (1 ha).
Das wären für eure Schule also etwa ________ Fußballfelder voll mit Bäumen!

Und für die, die immer noch weiterrechnen wollen …

Wie viele Bäume je Schüler bzw. Schulmitglied (Schüler, Lehrer, Hausmeister, Küchenpersonal etc.) müssten gepflanzt werden?

So können alle mitmachen!

Ihr wisst nun, wann man wo wie Energie sparen kann und sucht noch nach Ideen, eure Mitschüler und Lehrer zum Mitmachen zu motivieren? Na dann probiert doch mal Folgendes aus:

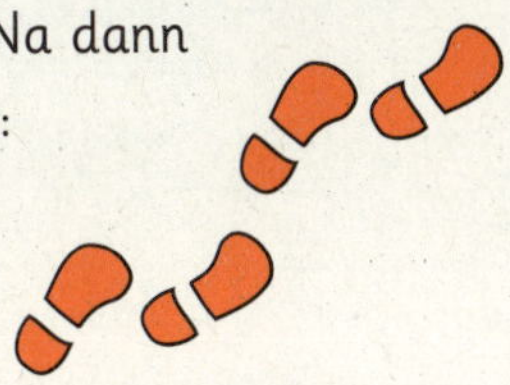

Theaterstück

Schon mal darüber nachgedacht, was passieren würde, wenn es keinen Strom gäbe? Was passieren würde, wenn der Klimawandel kommt? Wie die Menschen früher ohne Strom und Heizung gelebt haben, bzw. wie sie es heute in Ländern tun, die keine so gute Energieversorgung haben wie wir? Schreibt eure Ideen auf und entwickelt ein Theaterstück zum Thema Energie, das ihr in eurer Schule aufführt. So etwas macht allen viel mehr Spaß und bleibt länger im Gedächtnis, als wenn man nur rumnörgelt, dass schon wieder die Alltagsregeln zum Energie sparen vergessen wurden…

Projekttag

Stellt doch mal alle eure Ideen, Überlegungen und Ergebnisse den anderen auf einem Energie-Projekttag vor. So ein extra Tag ist meist besser geeignet, über Wünsche und Kritik an bestehenden Verhaltensweisen zu diskutieren, als im hektischen Schulalltag zwischen Tür und Angel etwas zu klären. Ihr werdet sehen: Auch die Lehrer sind an solchen Tagen meist umgänglicher…

Klebezettel

Kennt ihr das nicht auch? Eure Eltern sagen euch etwas und einen Tag später habt ihr es schon wieder vergessen, weil so viel in der Zwischenzeit passiert ist? Ihr wolltet eigentlich helfen und mitmachen, habt es nur vergessen? So wird es vielen eurer Mitschüler und Lehrer gehen. Unterstützt sie doch einfach durch das Anbringen von kleinen Merkzetteln/Aufklebern an Lichtschaltern, Türen, Fenstern oder Heizkörpern. Dann werden sie sich erinnern und beim Energiesparen helfen.

Musik & Lärm

Wenn ihr zu euren wöchentlichen oder monatlichen Mess- und Ableserundgängen aufbrecht, so könnt ihr dieses am eindrucksvollsten durch Musik und Lärm ankündigen. Trommelt die Leute im wahrsten Sinne des Wortes auf, und erinnert sie damit regelmäßig daran, dass sich etwas im Energiebereich tut.

Poster

Es gibt in eurer Schule Orte, an denen alle vorbei müssen. Diese eignen sich am besten, um Energiesparmaßnahmen oder Ergebnisse zu kommunizieren. Schon mal darüber nachgedacht, ob kleine Energiespartipps auch an der Toilettentür oder am Computer nicht hilfreich sind? An Orten also, an denen entweder viele vorbei kommen oder man sich länger aufhält?

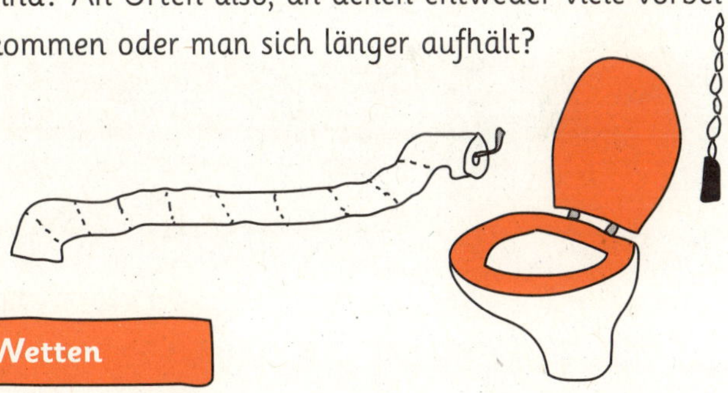

Wetten

Habt ihr auch schon öfter von euren Lehrern gehört, dass sie euch nicht zutrauen, etwas Eigenes auf die Beine zu stellen? Dass sie denken, eure Motivation lässt sowieso bald nach? Jetzt ist der Zeitpunkt gekommen, ihnen zu beweisen, dass ihr euch wirklich engagiert. Fordert sie doch einfach zu einer Wette heraus, dass ihr es schafft, eine bestimmte Menge Energie einzusparen. Überlegt euch gut, welchen Wetteinsatz ihr von den Lehrern verlangt, denn ihr werdet mit hoher Wahrscheinlichkeit gewinnen…

Lehrerlösungen

8 Das Energiealphabet

Aufzug – nach oben/unten bringen, **B**ahn fahren – von einem Ort zum anderen bringen, **C**omputer – Informationen verarbeiten, **D**rucker – auf Papier schreiben, **E**rnten – Früchte von einem Ort zum anderen bringen, **F**ön – Haare trocknen, **G**eige spielen – Bogen bewegen, **H**üpfen – nach oben heben, **I**ndianer spielen – sich bewegen/Töne erzeugen, **J**udo – sich bewegen, **K**assettenrekorder – Musik/Töne erzeugen, **L**ampe – Licht machen, **M**üll raus bringen – nach oben/unten sich bewegen, **N**ähmaschine – Nadel bewegen, **O**fen – Wärme produzieren, **P**opeln – Finger bewegen, **Q**uasseln – Mund und Zunge bewegen, **R**ennen – sich von einem Ort zum anderen bewegen, **S**pülmaschine – das Geschirr sauber machen, **T**oaster – Brot erwärmen, **U**hr – Zeiger bewegen/ Zeit anzeigen, **V**erkehrsampel – Lichtsignale erzeugen, **W**aschmaschine – Wäsche sauber machen, **X**ylophon spielen – Töne erzeugen, **Y**acht fahren – Schiff von einem Ort zum anderen bewegen, **Z**wiebeln schälen – Finger bewegen

9 Energiequellen und Energieformen

4b 5e 6c
1d 2f 3a

(da aber meistens mehrere Energiearten je Bild eingesetzt werden können, gibt es hierzu auch andere Variationen)

Energiequellen: Holz, Kohle, Stroh, Öl, Sonne, Wind, Erdwärme, Wasserkraft, Gas, Atom-/Kernenergie (Uran)

Direkt (ohne technologischen Einsatz) **nutzbare Energiequellen** sind: Holz, Kohle, Stroh, Öl (zum Verbrennen und Wärme erzeugen), Sonnenenergie (Planschbecken wärmen), Sonnenlicht, Wind (zum Wäsche und Haare trocknen, zum Drachensteigen), Wasser (zum Papierschiffe transportieren)

Energieformen, die man **nicht in der Natur in nutzbarer Form** findet: Strom (aber der Zitteraal und Blitze erzeugen Strom, genauso wie natürlich vorkommende Elektronenwanderungen innerhalb eines Organismus).

Wenn die Energiequelle **nicht die Form hat, in der wir sie brauchen können**: Dann müssen wir sie unter Anwendung von Technologien in die gewünschte Form bringen. Das geht aber nicht immer. Aus manchen Energiequellen kann man sowohl Wärme als auch Strom gewinnen (verbrennbare Materialien, Sonne, Erdwärme, Kernkraft/Uran), andere dienen nur der Stromgewinnung (Wasserkraft, Wind).

10 Eine kleine Energiegeschichte

3	2	8
5	4	7
10	1	6
12	14	13
15	9	11

Mozart musste **eine Kerze** anzünden, da Gas erst Mitte des 19. Jahrhundert zur Lichterzeugung in den Städten geliefert wurde.

11/12 Tanken wir Dinos oder was?

In Kohle sind keine Dinoreste möglich, da die Dinos erst später gelebt haben. Aber in Erdöl und Erdgas könnten theoretisch Reste von abgestorbenen Meerestieren sein.

Fossile Energien sind nichts anderes als in Pflanzen gespeicherte Sonnenenergie.

Rechenweg zur Bestimmung der Jahre Pflanzenwachstum:
- 1 Tag Energieverbrauch = 1 Jahr Pflanzenwachstum
- Alter des Kindes in Tagen berechnen
- Ergebnis = Jahre Pflanzenwachstum

Reihenfolge der **Bilder**:
(Bilder von Seite 11 sind von links nach rechts zu lesen)
[Bild 5]
[Bild 1]
[Bild 3]
[Bild 2]
[Bild 4]
[Bild 6]

13 „Wenn ich Energiechef wäre…"

Strategie 1:
dafür – sichere Versorgung bei Tag und Nacht, (noch) billig
dagegen – endliche Energiequelle, Abhängigkeit von anderen Ländern, schadet dem Klima

Strategie 2:
dafür – Unendliche Energiequelle, schützt das Klima
dagegen – (noch) teuer, Versorgung abhängig von Tageszeit/Wetter (die Un-/Abhängigkeit von anderen Ländern ist nicht eindeutig zu beantworten: es gibt bei uns Sonne, jedoch hängt es von der Entwicklung der Technologien ab, ob sie ausreicht, um unseren Energiebedarf zu decken. Sonnenenergie kann aber auch gespeichert und transportiert werden, deshalb ist es möglich, dass wir sie zukünftig aus anderen Ländern importieren)

Strategie 3:
dafür – sichere Versorgung bei Tag und Nacht (da Energiemix), schützt das Klima, Unabhängigkeit von anderen Ländern, unendliche Energiequelle
dagegen – (noch) teuer

Strategie 4:
dafür – sichere Versorgung bei Tag und Nacht, (noch) billig (da subventioniert), schützt das Klima (ist noch umstritten)
dagegen – endliche Energiequelle, schlimme Auswirkungen bei einem Unfall, giftige radioaktive Abfälle, Abhängigkeit von anderen Ländern

Strategie 5:
Hier kann man keine generellen Aussagen treffen, da unklar ist, wie in den anderen Ländern die Energie gewonnen wird. Jedoch kann unter „dagegen" stehen: Abhängigkeit von anderen Ländern (was schlecht ist, wenn die anderen Länder keine friedlichen Länder sind bzw. diese Bedingungen stellen, mit denen man nicht einverstanden ist)

14 Das „Was ist was?" der Energie

Erdöl/Erdgas/Kohle: Sonne – fossile Energie – chemische Energie
Uran: Atomkern – Kernenergie (Atomkraft) – Wärmeenergie
Pflanzen/Abfälle: Sonne – Erneuerbare Energie – chemische Energie
Wasser: Sonne – Erneuerbare Energie – Bewegungsenergie
Wind: Sonne – Erneuerbare Energie – Bewegungsenergie
Sonne: Sonne – Erneuerbare Energie – Wärmeenergie/Lichtenergie
Erdwärme: Erdwärme – Erneuerbare Energie – Wärmeenergie

Anmerkung 1: Sonnenenergie wird auch als Wärme dargestellt, obwohl nur Licht auf der Erde ankommt. Da die Umwandlung des Lichts in Wärme schnell erfolgt, wird hier nicht unterschieden.

Anmerkung 2: Auch wenn sich die Erdwärme genauso wie die Sonne nicht „erneuert“, zählen beide aufgrund ihrer (im menschlichen Zeitrahmen) unendlichen Energieverfügbarkeit zu den Erneuerbaren Energien. Beide resultieren aus Kernfusionsprozessen, sind also eigentlich eine Form der Kernenergie. Hier wird aufgrund der Komplexität des Themas für die Schüler die Ursprungsenergie SONNE und ERDWÄRME vereinfachend dargestellt, auch um eine Unterscheidung zur Kernenergie (Atomkraft, Uran) zu erleichtern.

Die **elektrische Energie** kann keiner Quelle zugeordnet werden, weil sie nicht in für uns nutzbarer Form in der Natur vorkommt. Mithilfe von Turbinen und Generatoren kann sie aber aus Wärmeenergie, der Verbrennung von chemischer Energie oder aus Bewegungsenergie (Wind, Wasser) generiert werden. Ein anderer Weg ist die Stromerzeugung durch Photovoltaikmodule.

Elektrische Energie (Strom) brauchen wir für unsere elektrischen Geräte. Wärmeenergie, um unsere Häuser zu heizen, das Wasser zu erwärmen oder um Strom zu generieren.

15 Was die Sonne alles kann

Wachsen – Sonne – Kohlendioxid – Pflanzenmaterial – Sauerstoff

Sonne – Warmwasser – Heizung – Dächern – Solarkollektors – Rückseite – erwärmt – Wasser

Solarkollektor – Sonnenstrahlen – Strom

Strom und Wärme aus der Sonne

Sonnenkollektor – Strahlung – Wärme

Photovoltaik-Modul – Strahlung – elektrischen Strom

Links: Photovoltaikmodul (an den Karos zu erkennen)
Rechts: Solarkollektor (entweder gestreift oder ganzflächig schwarz/dunkel)

Wenn Schnee auf dem Dach liegt wird keine Wärme erzeugt. Das diffuse Licht, das durch den Schnee dringt, reicht nicht aus, um die Platten zu erwärmen. Das kann man auch daran sehen, dass der Schnee nicht schmilzt. Anders hingegen beim Photovoltaikmodul: je nach Art des Moduls reicht das diffuse Licht aus, um geringe bis größere Mengen Strom zu produzieren.

17 Ohne Pflanzen geht nur wenig

Wachsen – Energielieferant – Leben – Wachsen – Bewegen – Fleisch – Muskeln – Fett

Die Aussage ist unsinnig, weil wir ja nur das **Kohlenstoffdioxid ausatmen** können, das wir vorher über die Nahrung in Form von pflanzlichen oder tierischen Produkten zu uns genommen haben. Es entsteht also kein zusätzliches Kohlenstoffdioxid. Das ist bei der Verbrennung von Erdöl, Gas und Kohle aber anders: hier gelangt Kohlendioxid in die Atmosphäre, das schon vor Jahrmillionen Stoff gespeichert wurde. Es kommt also ZUSÄTZLICH hinzu.

Verbrennung – Wärme – Licht – Bewegung

19 Mit Wind und Wasser

Komisch – Wind – Flüssen – Luft – wärmer – kältere – Loch – Erdoberfläche – Winde – Küste – Meeres – zuströmt.

Die Sonne erwärmt das Oberflächenwasser und lässt es so verdunsten. Das verdunstete Wasser formt sich zu Wolken und regnet wieder auf die Erde herab. **Die Quelle der Flüsse** in den Bergen speist sich aus dem Sickerwasser – der Kreislauf wird also durch die Verdunstung des Wassers durch die Sonne erst geschlossen!

20 Strom aus Wind und Wasser

Rot: Wasser, Wind
Blau: Turbine (Wasserrad bzw. Windflügel)
Gelb: Generator
Grün: Glühwürmchen, Rasenmäher

Das Rad dreht sich schneller, je stärker der Wasserstrom ist (je mehr der Hahn aufgedreht ist und je tiefer man das Rad hält). Grund: die Energie, die das Wasser transportiert, ist abhängig von der Fallhöhe und dem Druck.

22 Erneuerbare Energien in Europa

Wind an den Küsten – Erdwärme in Island/Italien/Türkei – Sonne in den Mittelmeerländern – Bioenergie in den Ländern mit Landwirtschaft (Deutschland, Polen, Frankreich…) – Wasserkraft dort, wo Flüsse fließen (in den Bergen)…

23 Treibhauseffekt – find ich gut!

Die Luft im Marmeladenglas steht stellvertretend für die Atmosphäre. Wenn sich die Erde (das Land) durch die Sonne erwärmt, kann die abgegebene Wärmestrahlung nicht das Glas verlassen. Es ist gefangen und erhitzt die Luft im Glas immer weiter – ein Treibhauseffekt in Miniaturformat.

24 Der Klimawandel

Die Wüste breitet sich aus. Die dort lebenden Menschen haben weniger zu essen, und müssen ihre Heimat verlassen, um zu überleben.

Der Mangel an Regen führt dazu, dass die Böden austrocknen und die Erde mitsamt den Nährstoffen durch den Wind einfach weggepustet wird. Die Pflanzen können also nicht mehr wachsen und die Tiere finden nichts zu essen oder zu trinken.

Auch extremere Wetterlagen, wie Stürme, lange Regenfälle und Unwetter werden von den Experten auf den Klimawandel zurückgeführt.

Die Gletscher in den Bergen und am Nordpol schmelzen.

Wenn auch die riesigen Gletscher am Südpol schmelzen, steigt der Meeresspiegel und überflutet die Küstengebiete der Erde. Vor allem Menschen im dicht besiedelten Flachland sind davon bedroht.

Vögel: Amseln, Stare

Länder, die vom steigenden Meeresspiegel in Europa betroffen sein werden: Niederlande, Deutschland, Portugal, Frankreich, Dänemark,…= Alle Länder, die Städte an der Küste haben.

48 Lehrerlösungen

25 Was hat Energie mit dem Klimawandel zu tun?

Pro Kopf werden in Deutschland 11 t CO_2 produziert. Bei einer Weltbevölkerung von 6,5 Milliarden Menschen (Wert von 2006) würde dies eine jährliche Kohlendioxidemission von etwa 70 Milliarden Tonnen bedeuten. Das sind fast 3 x mehr als in Wirklichkeit! Das Ergebnis der hohen Emissionen ist eine Verstärkung des natürlichen Treibhauseffektes, die Konsequenz eine zunehmende Erwärmung der Erde. Wir produzieren mehr Kohlenstoffdioxidemissionen als die meisten Menschen der Welt, weil wir mehr Energie verbrauchen (Elektrizität, Autos, Heizung etc.) und diese Energie zu einem Großteil aus fossilen Energieträgern gewinnen. In den armen Ländern der Welt wird häufig noch mit Holz/Biomasse geheizt und gekocht, die keine zusätzlichen Emissionen in die Atmosphäre bedeuten (Kreislauf der Natur).

28 Das Klimafrühstück

8338 km ist die richtige Lösung

30 Wieviel Energie braucht die Welt?

Mögliche Antworten sind: der Energieverbrauch steigt enorm an (insbesondere seit dem 2. Weltkrieg), vor allem fossile Energieträger werden verwendet (erst in letzter Zeit auch erneuerbare Energien), Atomkraft gibt es noch gar nicht solange, erneuerbare Energien werden schon länger genutzt als Atomkraft, …

Zwei Gründe für den starken **Anstieg der Kurve** sind: Bevölkerungswachstum (exponentiell) und höherer Energieverbrauch des Einzelnen aufgrund der gestiegenen Nutzung elektrischer Geräte, Autos/Flugzeuge, höhere Industrieproduktion etc.

32 Das Energiequiz

1. Föhn (Wärme, Bewegung) – Strom/Kohle, Gas, Atomkraft, Erneuerbare Energien
2. Fahrstuhl (Lageenergie, Licht, Geräusche) – Strom/Kohle, Gas, Atomkraft, Erneuerbare Energien
3. Drachen steigen lassen (Lageenergie, Bewegung) – Wind
4. Badewasser einlassen (Wärme) – Heizenergie/Gas, Kohle, Öl, Strom
5. Gameboy spielen (Licht, Geräusche) – Batterie, Strom/Kohle, Gas, Atomkraft, Erneuerbare Energien
6. Kühlschrank (Wärme/Kälte, Licht) – Strom/Kohle, Gas, Atomkraft, Erneuerbare Energien
7. Kirchenglocken (Geräusche) – Muskeln/Nahrung oder Strom/Kohle, Gas, Atomkraft, Erneuerbare Energien

33 Ein Stromausfall und seine Folgen

Mögliche Antworten sind: kein Licht, keine Heizung (evtl.), kein Fernseher, kaltes Essen und warmes Bier/Eis, keine Ampeln (Verkehrschaos), kaltes Wasser, Radiowecker weckt nicht, Schulklingel klingelt nicht, Papa kann sich nicht rasieren, Zeitungen werden nicht gedruckt, Straßenbahn/S-Bahn/U-Bahn fahren nicht…

34 Wer wird Energiesparweltmeister?

Haare fönen – Haare an der Luft trocknen lassen oder mit dem Handtuch trocknen
Trinkflaschen im Kühlschrank – Trinkflaschen auf den (kalten) Balkon stellen
Fahrstuhl nutzen – Treppen laufen
Elektrische Zahnbürste nutzen – Handzahnbürste nutzen
Uhr mit Batterie – Uhr zum Aufziehen/mit Automatikuhrwerk
Elektrisches Brotmesser – Brot mit der Hand schneiden
Weihnachtsbaumlichter – Weihnachtsbaumkerzen
Raum heizen – Pullover anziehen

35 Energiedetektive: Vorüberlegungen – Beobachtungen und Analyse

Das werden wir alles messen: Licht, Temperatur, Stromverbrauch
Dort sollten wir messen (mit Begründung): Klassenräume, Flure, Treppenhäuser, Turnhalle, Außentemperatur, Aufenthaltsräume, Lehrerzimmer. Begründung: hier wird alles Energie in Form von Licht, Wärme und Strom verbraucht und es existieren für alle diese Orte Richtwerte für den Verbrauch (als Orientierung)
Dann sollten wir messen (mit Begründung): Licht – im Winter morgens (wenn es draußen noch dunkel ist) und tagsüber (wenn es draußen hell ist). Wärme: morgens, mittags, nachmittags, wochentags und am Wochenende
So oft sollten wir messen (mit Begründung): Licht zu zwei verschiedenen Tageszeiten, da es unterschiedlich hell ist. Wärme an verschiedenen Tagen in der Woche und zu unterschiedlichen Tageszeiten, dadie Heizungsregelung die Schule unterschiedlich heizt.

Diese Informationen müssen wir erst recherchieren, bevor wir loslegen können (mit der Planung oder der Messung): In welchen Monaten wird geheizt (denn sonst ist Temperaturmessung unsinnig)? Welche Räume werden wann benutzt (wo keiner ist, braucht man nicht zu messen bzw. sollten alle Energieverbraucher ausgeschaltet sein)?
Diese Informationen müssen wir erst recherchieren, bevor wir unsere Messergebnisse verstehen können: Richtwerte Licht und Temperatur, Raumbelegung (Zeiten) Wer ist Ansprechpartner für technische Fragen? Wie und wann ist er/sie erreichbar? Wer muss gefragt werden, wenn man was ändern möchte?

40 Energiedetektive: Wo bleibt die Wärme?

Nachmittags oder am Wochenende zu messen ist interessant, weil dann andere Heizregelungen vorliegen (Temperaturabsenkung am Wochenende oder zu Ende des Schultags)

Quellenverzeichnis

Energiequellen und Energieformen
Tanken wir Dinos oder was www.klett-verlag.de
www.vuz-web.de
Die Umwandlung von Energie – so funktioniert's
Nachts atmen die Bäume umgekehrt
www.zeit.de/stimmts/1997/
Corioliskraft www.geographie.uni-muenchen.de
Energie und Klimawandel
Treibhauseffekt – find ich gut! www.ifm-geomar.de
Malen nach Zahlen Klimawandel
UNEP/GRID Arendal (http://enrin.grida.no)
Was hat denn Energie mit dem Klimawandel zu tun? www.co2ol.de
Klimafrühstück Gut leben statt viel haben („Brot für die Welt", Stuttgart), www.bmu-kids.de
Prima Klima – Brief von Yosseline Originalbrief, erhalten von Asociación para el Desarrollo Municipal „Zunca-Aguijuyo" (ADEMUZA) mit Sitz in Atiquizaya, El Salvador
Energie im Alltag
Wieviel Energie braucht die Welt? www.contexo.net
www.energieverbraucher.de
Energiedetektive – der Energie auf der Spur
Temperatur- und Lichtrichtwerte
gemäß DIN EN 15251 (2005-07)
Klimaschutz – wie viele Bäume braucht unsere Schule Agenda praktisch „Energiesparprojekte in Schulen", Verlag an der Ruhr 2000

Checklisten zum Energie sparen an Schulen

Energieverbrauch einer durchschnittlichen Schule

Der Energieverbrauch einer Schule hängt von vielen Faktoren ab: dem Alter und Zustand des Gebäudes, der Art der Heizungsanlage, dem Schüler/Fläche-Verhältnis, dem Nutzungszustand des Gebäudes (örtlicher oder zeitlicher Leerstand) und natürlich dem Nutzerverhalten der Schulteilnehmer. Dennoch kann man als grobe Faustformel für den Energieverbrauch einer Schule annehmen, dass bei 500 Schülern im Jahr etwa 100.000 kWh Strom und 1.000.000 kWh Wärme verbraucht werden. Durch eine Änderung des Nutzerverhaltens können 10-15% des Energieverbrauchs eingespart werden.

Sollwerte Temperatur

Temperatur in Räumen...

- ... in denen man still sitzt: 20 °C
- ... in denen man sich bewegt: 18 °C
- ... in denen man sich nicht lange aufhält: 15 °C

Sollwerte Beleuchtung

Lichtstärke: 300 lux braucht man im normalen Unterricht.
In Nebenräumen reichen 100 lux, in Fachräumen muss man genauer hinschauen können, da sollten es eher 500 lux sein.

Checklisten zum Energiesparen an Schulen

Checkliste Raumwärme

1. Raumtemperatur optimieren

- Räumliches und zeitliches Temperaturprofil ermitteln
- Raumtemperatur auf Sollwerte mit Hilfe der dezentralen und zentralen Temperaturregelung einstellen
- Temperaturabsenkung optimieren (nachts, an Wochenenden und in den Ferien)

2. Heizen unnötiger Räume verhindern

- Raumbelegung optimieren (nicht ganze Zonen heizen, wenn nur Einzelräume z.B. für einen Elternabend genutzt werden: Zusammenlegen mehrerer Veranstaltungen auf einen Abend und in Räume, die an einem gemeinsamen Heizkreis liegen etc.)
- Eigene Heizkreise für Zonen unterschiedlichen Wärmebedarfs einrichten (z.B. Hausmeisterwohnung: Heizen auch in den Ferien nötig)

3. Luftzug vermindern

- Dichtungen von Fenstern und Türen überprüfen und nachrüsten
- Fenster und Türen (auch zwischen Treppenhäusern) nach dem Unterricht richtig schließen

4. Oberflächentemperatur erhöhen

- Wärmebedarf ermitteln und mit Verbrauchswerten vergleichen (zur Klärung der

Frage, ob ein hoher Energieverbrauch mit den baulichen Gegebenheiten zusammenhängt)

- Dachboden mit Dämmmatten verlegen

5. Richtige Kleidung wählen

6. Richtig Lüften (Stoßlüftung statt gekippter Fenster)

7. Wärmeerzeugung optimieren

- Auf Investitionsentscheidungen des Schulträgers hinsichtlich Energie sparender Alternativen (z.B. Brennwertkessel, BHKW) Einfluss nehmen
- Kesselabgastemperatur regelmäßig kontrollieren; bei Überschreiten der minimalen Abgastemperatur um ca. 40 °C Kessel reinigen
- Heizkesseloberfläche dämmen

8. Wärmeverteilung und -abgabe optimieren

- Armaturen und Rohrleitungen in unbeheizten Gebäudeteilen (z.B. Keller) isolieren
- Wärmeabgabe der Heizkörper durch Reinigung und Entlüftung (nötig, falls „Glucksgeräusche" dies anzeigen oder Teile des Heizkörpers kalt sind) erhöhen
- Prüfen, ob vorhandene Rolläden, Fensterläden, Vorhänge etc. die Wärmeabgabe behindern
- Außenflächen hinter Heizkörpern dämmen

Checkliste Beleuchtung

1. Beleuchtungssituation der Schule klären und auswerten

- Beleuchtungsstärke der verschiedenen Lampen im ganzen Schulgebäude (Unterrichts-, Abstell- u. Kellerräume, Toiletten, Gänge ...) messen
- Kontrollieren, ob die Beleuchtungsstärken mit den Richtwerten übereinstimmen, ggf. Lampen stillegen (z.B. durch Herausdrehen des Leuchtkörpers) oder Leuchtkörper mit geringerer Leistung wählen
- ggf. Lichtausbeute (bei gleicher Leistung) erhöhen durch Reinigen der Lampenabdeckungen und Leuchtkörper oder Einsatz effektiverer Beleuchtungssysteme (Schulträger ist verantwortlich)

2. Künstliches Licht nur einschalten, wo und wann es nötig ist

- Lampen nicht unnötig eingeschaltet lassen (z.B. bei ausreichend Tageslicht, in Pausen ab 5 min und in der unterrichtsfreien Zeit)
- Lichtschalter markieren, um eine bessere Zuordnung zwischen Schalter und Lampen für die bedarfsgerechte Beleuchtung zu ermöglichen
- Raumgestaltung so verbessern, dass weniger Licht benötigt wird (z.B. möglichst helle Raumgestaltung, Einfall von Licht durch die Fenster nicht behindern, saubere Fensteroberflächen)
- Statt künstlicher Beleuchtung zur Verhinderung von Spiegelungen an der Tafel: Raumgestaltung ändern, spezielle Rasterlampen montieren oder zumindest die Anzahl der eingeschalteten Lampen minimieren

- Beleuchtungsschaltung ändern, wenn vom Tageslicht ausgeleuchtete Flure zusätzlich künstlich beleuchtet werden, weil dies in anderen Gebäudeteilen ohne Tageslicht notwendig ist
- Bei Reinigungsarbeiten Beleuchtung nur dort einschalten, wo gerade geputzt wird
- Zeitschaltuhren und Bewegungsmelder in Räumen einsetzen, in denen häufig unnötig Licht brennt
- Arbeiten (z.B. Reinigung) bei Tageslicht durchführen bzw. durchführen lassen
- Nutzungen in den Abendstunden auf Teilbereiche konzentrieren

3. Effizientere Beleuchtungssysteme verwenden

- Glühlampen durch Energiesparlampen ersetzen (v.a. bei >2h Einschaltdauer pro Tag)

Checkliste Elektrogeräte

1. „Stromfresser“ identifizieren und energiesparende Alternativen erörtern

- Elektrische Heizung oder Warmwasserbereitung ersetzen (zuständig: Schulträger)
- Beim Neukauf von Elektrogeräten energiesparende Modelle bevorzugen (amortisieren sich zumeist rasch)

2. Nicht benötigte Geräte ganz oder zeitweise ausschalten

- Computer-Bildschirme bei längeren Pausen (ab ca. 20 min) abschalten
- Getränkeautomaten in der schulfreien Zeit abschalten (falls Dauerkühlung nicht vorgeschrieben)
- Nicht oder selten benötigte Warmwasserboiler abschalten
- Auf Stand-by bei Videogeräten, Kopierern etc. verzichten
- Kaffeemaschinen nicht im Dauerbetrieb lassen, sondern Kaffee in Thermoskanne füllen
- Bei Vorhandensein mehrerer Kühlschränke Inhalte zusammenlegen
- Auch ausgeschaltete Geräte können Strom verbrauchen (z.B. Trafoverluste), deshalb: Stecker ziehen oder eine schaltbare Steckdosenleiste verwenden. Im Zweifelsfall das Strommessgerät einsetzen

3. Geräte energiesparend betreiben

- Warmwasserboiler auf möglichst niedrige Temperatur einstellen
- Stromverbrauch von Heizungs-Umwälzpumpen minimieren durch Nachrüsten von Pumpensteuerungen und/oder Leistungsreduzierung (zuständig: Schulwart und Fachfirmen); die Differenz zwischen Vor- und Rücklauftemperatur sollte an kalten Tagen mindestens 20°C betragen
- In Bereitschaftszeit elektrischer Geräte Energiespartaste (z.B. bei Kopierern) bzw. Energiemanagement-Systeme (bei EDV-Anlagen) nutzen
- Kühltemperatur (Kühlschränke, Getränkeautomaten) vernünftig wählen (sehr tiefe Temperaturen brauchen sehr viel Strom)
- Energiesparend kochen

52 Kontaktadressen und weitere Informationen

Kontaktadressen (in Berlin)

Unabhängiges Institut für Umweltfragen e.V.
Greifswalder Str. 4, 10405 Berlin
Tel. (030) 42 84 99 30, www.ufu.de
Ansprechpartner:
Almuth Tharan almuth.tharan@ufu.de
Bei Fragen zu: Energiesparprojekte in der Schule umsetzen (fifty/fifty und andere), Unterrichts- und Projektmaterialien für alle Altersstufen zu den Themen Energie, Energiesparen, Klimaschutz und Erneuerbare Energien, Informationen zu aktuellen Fragen der Projektfinanzierung von Energiesparprojekten, Vermittlung von Kontakten (schulische Netzwerke, Projektpartner, Erfahrungsaustausch, Bezirksämter…), Lehrerweiterbildung

Bundesverband Schule Energie Bildung e.V.
Greifswalder Str. 4, 10405 Berlin
Ansprechpartner:
Malte Schmidthals malte.schmidthals@ufu.de
Bei Fragen zu: Kontaktsuche außerhalb Berlins (Schulen, Netzwerke, Projekte)

**Senatsverwaltung für Gesundheit,
Umwelt und Verbraucherschutz – Klimaschutz –**
Brückenstraße 6, 10173 Berlin
Ansprechpartner:
Klaus Kist klaus.kist@senguv.verwalt-berlin.de
Referent für Energiemanagement
Bei Fragen zu: fifty/fifty-Programm und Energiemanagement für Schulen in Berlin (auf Senatsebene)

**Programmwerkstatt Transfer 21
Freie Universität Berlin**
Arnimallee 9, 14195 Berlin
Tel. (030) 83 85 64 71, www.blk21-be.de
Ansprechpartnerin:
Hilla Metzner prowerk@zedat.fu-berlin.de
Bei Fragen zu: Bildung für nachhaltige Entwicklung

Weitere Informationen

fifty/fifty in Berlin Berliner fifty/fifty-Portal, www.ufu.de/fifty-fifty.html
fifty/fifty in Hamburg Hamburger Bildungsserver, lbs.hh.schule.de/
3/4plus Bremerhaven Energiesparen an Bremerhavener Schulen, www.34plus-bremerhaven.de.vu